高等院校艺术设计类系列教材

包装设计（微课版）

王胤　编著

清華大学出版社
北　京

内 容 简 介

本书主要是以编者多年的企业工作经验和高等院校教学实践积累下来的实例、成果为素材编纂的，以实际设计中的案例、方法、步骤等为引导，为包装设计教学与实践工作提供了可行的理论依据与实践指南。

全书共分为9章，从包装的一般理论开始全面、系统地讲述包装设计的整个过程。比如，包装设计与市场，包装设计程序与策略，包装设计中的视觉传达设计，包装材料，包装印刷与工艺，包装的文化特征，现代包装设计中的计算机辅助设计，包装设计作品的案例分析与学生作品展示等都是理论指导实践又以实践结果印证理论很好的范例。

本书适用于各层次院校设计艺术类专业和相关企事业单位的相关设计部门。普通高等院校、高职院校、成人高等院校、中职学校、培训机构等的装潢艺术设计专业、视觉传达设计专业、数码艺术设计专业、工业设计专业（本科）或产品设计专业（专科）、广告艺术设计专业以及从事相关工作的人员都可以选用本书。

图书在版编目（CIP）数据

包装设计：微课版/王胤编著. --北京：清华大学出版社，2021.11
高等院校艺术设计类系列教材
ISBN 978-7-302-59307-2

Ⅰ. ①包…　Ⅱ. ①王…　Ⅲ. ①包装设计—高等学校—教材　Ⅳ. ①TB482

中国版本图书馆CIP数据核字（2021）第200877号

责任编辑：孙晓红
封面设计：杨玉兰
责任校对：周剑云
责任印制：沈　露
出版发行：清华大学出版社
网　　址：http://www.tup.com.cn, http://www.wqbook.com
地　　址：北京清华大学学研大厦A座　**邮　　编：**100084
社 总 机：010-83470000　**邮　　购：**010-62786544
投稿与读者服务：010-62776969, c-service@tup.tsinghua.edu.cn
质量反馈：010-62772015, zhiliang@tup.tsinghua.edu.cn
课件下载：http://www.tup.com.cn, 010-62791865
印 装 者：三河市龙大印装有限公司
经　　销：全国新华书店
开　　本：190mm×260mm　**印　　张：**12　**字　　数：**288千字
版　　次：2022年1月第1版　**印　　次：**2022年1月第1次印刷
定　　价：59.00元

产品编号：090513-01

Foreword 序 言

之所以编写此书，是因为国有广告公司的设计工作让作者直接面对企业、面对客户进行有的放矢的设计工作；高等教育的专业教学工作又让作者直接把企业实践得来的宝贵经验融入教学当中。理论联系实际，今天想来这是多么值得庆幸的事呀！编写这本书的勇气全部来源于此！

在编写这本书的过程中，为了充实内容，作者查找了许多优秀的包装设计方面资料，并从中获得了许多非常理想的信息资料。遗憾的是，有些信息资料的出处无法考证，故此在书中无法标注信息资料的出处或作者的姓名，在此特别向这些作者表示衷心的感谢！

在编写本书的过程中还翻阅了不少前辈、同行的书籍和文章，从中获得诸多启发，也获取了不少有用的信息。比如，孙诚主编的《纸包装结构设计（第三版）》；金银河主编的《包装印刷》；卡尔弗编著、吴雪杉译的《什么是包装设计？》；加文·安布罗斯、保罗·哈里斯编著的《创造品牌的包装设计》；莎拉·罗纳凯莉、坎迪斯·埃利科特著，刘鹂、庄崴译的《包装设计法则（创意包装设计的100条原理）》；谢大康编著的《产品模型制作》；江湘芸等编著的《产品模型制作》；郝晓秀主编的《包装概论》；蔡惠平主编的《包装概论》；邓向荣等编著的《理性走向市场：21世纪市场营销理论的革命》；邓明新编著的《体验营销技能案例训练手册》；企业国际化管理研究课题组著的《中小企业营销国际化管理模式》等。在此向这些优秀著作的作者表示诚挚的谢意！

艺术设计学科的教学应该注重理论和实践相结合，包装设计更应该如此。本书的编写注重设计的目的性，一项包装设计的实用性当然第一，但是它的科学性、艺术性同样不可忽视，只有三个特性合一，设计才能通往目的地。

本书的编写素材主要来源于工作实践，有很强的说服力，会给读者提供一条捷径，让读者在包装设计工作中避开无谓的弯路，较为顺畅地达到设计目的。

Preface 前言

包装设计是一门综合运用自然科学和美学知识，为在商品流通过程中更好地保护商品，并促进商品的销售而开设的专业学科，其内容主要包括包装形态设计、包装结构设计以及包装装潢设计。

包装设计也是一门实践性很强的综合性设计课程，突出“实”和“新”。在教学中，应在理论教学的基础上注重培养学生的实际设计能力，将包装设计的实用性、科学性、艺术性、商业性的特点紧密结合，理解包装设计在新时期的应用，结合包装设计软件的操作，注重设计的时效性，挖掘新思路，开创新技法，将理论与实践相结合，培养和建立包装设计的基本观念，增强包装设计与制作的能力。

本书从现代设计教育的理念出发，立足学以致用，借鉴了一些出色的包装设计作品，并结合近年来国内外一些精彩的设计案例，对包装设计的基本原理、设计技巧等进行深入浅出的分析，力求做到理论与实践并重、普及与提高兼顾；着重于引导学生建立严谨的设计观念，明确包装设计与艺术创作的区别，摒弃盲目化、概念化和唯美主义化的思想；有意识地培养学生的市场观念，加深他们对包装视觉语言的认识，拓展他们的包装设计思维；使其掌握包装设计的规律与方法，在循序渐进的学习中逐渐提高包装设计的能力。

本书在内容安排上力图突出四个特点：一是突出包装设计的全面性、系统性；二是结合先进的包装设计理念和优秀的实例，体现现代包装设计发展的新趋势；三是强调包装设计的实用性；四是体现包装设计在艺术设计中的重要位置。

本书由王胤老师编写。在编写过程中，参考和借鉴了一些国内外专家的研究成果及包装实例，并选取了部分设计精品，但部分引用作品因难以查明出处而未能予以标注，在此谨向各位作者一并表示感谢。

由于现代包装设计理论与方法涉及的内容广泛，且发展迅速，加之作者水平有限，书中难免存在疏漏之处，敬请广大读者批评指正。

编　者

Contents 目录

第1章 概述

扫码收听本章音频讲解

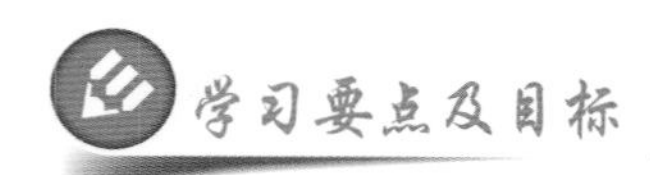

学习要点及目标

本章以深入了解包装学所涵盖的内容以及包装业的发展历史为要点，其目标是为后续的课程做引导。

引导案例

HI!WEEK旅行APP周边产品包装袋设计

如图1-1所示，包装袋是一款手机旅行软件App周边用品设计中的一项，采用两种当时非常流行的颜色搭配（深灰色和黄色），整体设计符合包装定义中的各项要求，设计者想要表达的是一种年轻人对新的生活方式探索的心愿，对于同类型的产品首先在配色上就有了一个明显的区别，两种颜色的包装袋放到一起色彩对比鲜明，更能吸引观者的视线，而且从正面看去，手提带上的铆钉和中间LOGO的位置安排形成一张人脸的形象，更增加了观者想象的空间，同时也增加了设计的趣味性。

图1-1　包装设计中不同颜色的选择实例（HI!WEEK旅行App周边产品包装袋-王欣旭）

1.1 包装的定义及要素

1.1.1 包装的定义

包装（packaging）是指在流通过程中为保护产品、方便储运、促进销售，按照一定的技术与艺术要求而设计制造出来的盛装产品的器物、材料和辅助物等的总体名称。

从广义的角度，讲包装可用一句话来概括：为一切进入流通领域的拥有商业价值的事物所做的外部形式的筹划都可称作包装。

虽然世界各国对包装都有不同的文字定义，但其含义基本相同。

1. 中国

中华人民共和国国家标准（GB/T4122.1-2008）中规定，包装指：为在流通过程中保护产品、方便储运、促进销售，按一定技术方法而采用的容器、材料及辅助物等的总体名称；也指为了达到上述目的而采用容器、材料和辅助物的过程中施加一定方法等的操作活动。

2. 日本

日本包装工业规格（JIS）规定包装是使用适当的材料、容器等技术，便于物品的运输，保护物品的价值，保持物品原有形态的形式。

3. 美国

美国包装学会规定包装是：符合产品之需求，依最佳之成本，便于货物之传送、流通、交易、储存与售卖，而实施的统筹整体系统的准备工作。

4. 英国

英国标准协会规定包装是：为货物的存储、运输、销售所做的技术、艺术上的准备工作。

5. 加拿大

加拿大包装协会规定包装是：将产品由供应者送达顾客或消费者手中而能保持产品完好状态的工具。

其他国家或组织对包装的含义也有不同的表述和理解，但基本意思是一致的，都以包装的功能（使用功能和审美功能）和作用为其核心内容，一般都离不开以下三重含义。

（1）盛装产品的器物、材料及辅助物品即包装物品的技术与艺术设计与制造。

（2）实施盛装、封缄、包扎等的技术活动。

（3）通过包装增强产品的审美功能以提高商品对消费者的吸引力。

1.1.2　包装要素

包装要素包括：包装对象、材料、造型、结构、防护技术、视觉传达等。

一般来说，对产品的包装包括品牌或商标、形状、颜色、图案、材料和标签等要素。

1. 品牌或商标

品牌或商标是包装中最主要的构成要素，应在包装整体上占据突出的位置。

品牌：简单地讲，是指消费者对产品及产品系列的认知程度。品牌是人们对一个企业及其产品、售后服务、文化价值的一种评价和认知，是一种信任。比如，华为、小米、苹果、三星等是人们耳熟能详的品牌，如图1-2至图1-5所示。

图1-2　华为品牌实例

图1-3　小米品牌实例

图1-4　苹果品牌实例

图1-5　三星品牌实例

广义的“品牌”是具有经济价值的无形资产，用抽象化的、特有的、能识别的概念来表现其差异性，是在人们的意识当中占据一定位置的综合反映。品牌建设具有长期性。

狭义的“品牌”是一种拥有对内对外两面性的“标准”或“规则”，是通过对理念、行为、视觉、听觉四方面进行标准化、规则化，使之具备特有性、价值性、长期性、认知性的一种识别系统总称。这套系统我们也称之为CIS（企业形象识别）体系。

商标：根据中国《商标法》第八条的规定，商标是指任何能够将自然人、法人及其他组织的商品或者服务于他人的商品或者服务区别开的文字、图形、字母、数字、三维标志、颜色组合和声音等，以及上述要素的组合。当商标使用时，要用“R”（见图1-6）或“注”明示（见图1-7），早期用“注册商标”明示（现在统一用“R”明示）。三种明示方法都意指已经注册了的商标。

图1-6　用“R”明示的商标实例

图1-7　用“注”明示的商标实例

有人可能会有疑问，商标和LOGO（标志，见图1-8）有区别吗？其实商标和LOGO是有一定区别的，它们的不同之处如下。

（1）取得的方式不同。LOGO作为美术作品不用注册登记，创作完成后即自动获得著作权，而商标必须经过国家相应机关注册后才能取得商标权。

（2）权利的归属不同。LOGO的设计者和所有人很可能不是同一个人，普通公司都要委托设计者来设计LOGO。LOGO作为委托作品，其著作权的归属有两种情况，约定归委托人所有，或者没有约定，在这种情况下，约定的归委托人所有，没有约定的归设计者所有；而商标只属于商标权人所有，这属于知识产权范畴。

（3）保护的法律不同。LOGO受《著作权法》保护，商标受《商标法》保护。LOGO可以注册为商标，那么这个商标和LOGO可同时受《著作权法》和《商标法》的保护，这意味着商标和LOGO受保护的范围是不同的，商标受保护的范围要比LOGO更广大。

品牌与商标也是极易混淆的一对概念，有些企业错误地认为产品进行商标注册后就成了品牌。事实上，两者既有联系，又有区别。有时，两个概念可等同替代，而有时却不能混淆使用。品牌不完全等同于商标，商标也并不完全等同于品牌。

图1-8　LOGO（标志）设计作品实例（2011年天津赴乌干达展会LOGO设计-王胤）

如果把品牌比作一道巨大的山川，商标只是山川中的一座山峰。

品牌是一个集合概念，主要包括品牌名称、品牌标志、商标和品牌角色四个部分。

（1）品牌名称是指品牌中可以用语言称谓（可以读出）的部分——词语、字母、数字或词组等的组合，又称“品名”。

（2）品牌标志是指品牌中可以被认出、易于记忆但不能用语言称谓的部分，包括符号、图案或明显的色彩或字体，又称“品标”。

（3）商标是经注册后受法律保障其专用权的整个品牌、品牌标志、品牌角色或者各要素的组合。

（4）品牌角色是用人或拟人化的标识来代表品牌的方式。

品牌与商标都是用来识别不同生产经营者的不同种类、不同品质产品的商业名称及其标志。

2. 形状

适宜的包装形状有利于储运和陈列，也有利于产品销售，因此，形状是包装中不可缺少的组合要素。

根据产品的形状和宣传目标选择适合的包装形状，不同档次的产品包装形状的复杂程度也会不同，如图1-9所示。

图1-9　不同形状的包装实例（生产厂家、品牌不详）

3. 颜色

颜色是包装中最具刺激销售作用的构成元素。突出商品特性的色调组合，不仅能够加强品牌特征，而且对顾客有强烈的感召力。

在包装设计中每一种颜色都代表着不同的意义，需要选择符合产品信息的颜色进行包装设计，并需要在颜色上区别于同类竞争产品。选择的颜色应表达出正确的产品信息，以增加产品对消费者的吸引力从而提高产品的销量。

颜色是反映和增强产品统一形象和品牌形象的最佳方式，因为它是一种视觉传达表现。

选择的颜色应尽量与所用标志相关联，并反映出突出的视觉形象以吸引购买者。在设计中不要盲目地使用颜色，需要先弄清楚颜色的潜意识信息，盲目地使用不一定能恰如其分地表达产品内在的性能、品质、档次等信息。

在进行包装设计时要想选择正确的颜色（参见本章引导案例和图1-1），设计者首先要把自己当作消费者，把产品放在目标市场上，把自己想象成购买者，寻找购买者想要购买的动机，分析和确定目标购买者的年龄、性别、经济状况、受教育程度等。

确定自己的产品和自己想要表现的信息，以包装的形式呈现给购买者，在构思过程中信息表达要准确，颜色选择必须要严谨，要与实际产品相配套，要让购买者有一个舒适的颜色感受，从而确保选择的颜色能够表达准确的信息。

4. 图案

1）动物图案

图案是包装画面的重要组成部分，其重要性和不可或缺性不言而喻。动物图案（见

图1-10）是包装设计的常用元素。

图1-10　包装设计中动物图案应用实例（良品铺子良辰月·舞金樽中秋礼盒-潘虎）

在不同国家和地区由于存在不同的社会制度、宗教信仰以及风俗习惯，所以人们对包装图案的接受度与禁忌表现出极大的不同，包装设计者在包装器物形状设计与表面图案设计时要特别注意。

不同国家和地区对动物有着不同的理解和禁忌

仙鹤——在法国被理解为蠢汉和淫妇的代名词，非洲人认为仙鹤是凶鸟。

狐狸、獾——在日本代表狡诈和贪婪。

狗——为泰国和北非一些国家所禁忌。

猪——在信奉伊斯兰教的人们心目中牛、驼、鹿、羊等多食水草且有反刍习性的动物是清洁的，而猪比较肮脏，因此在信奉伊斯兰教的国家和地区忌用猪的形象做包装器物或装潢画面的图案。

猫——比利时人最喜欢猫，但希腊、匈牙利、俄罗斯等国家的人们最忌讳猫，尤其视黑猫为凶神。

猫头鹰——在马达加斯加被认为是不祥之兆，是巫术的标志。中国人习惯将其作为凶鸟。但在一些西方人心目中它是智慧、勇猛、刚毅的化身。

大象——在美国、英国及英联邦地区被认为是无用之物，是令人生厌的东西。

山羊——在英国被比喻为不正经的男人。

鸡——在美国公鸡一词被作为诲淫的意思。英国人视公鸡为下流之物。中国香港地区有些人把鸡作为妓女的代名词，因此不宜用在床上用品的包装器物和图案的设计中。印度人也忌讳雄鸡图案。

孔雀——孔雀是印度的国鸟。在伊拉克有个叫叶基德的民族，信仰拜火教，他们对孔雀的泥塑顶礼膜拜，以至于跟孔雀相似的公鸡也跟着沾光。但法国人和比利时人不喜欢它，视为是祸鸟，在英国视它为淫鸟。

在包装设计中如果必须选择动物做器物或图案的话，则应该尽量选择具有欣赏性的动物来做，如选择熊猫、白兔、松鼠、小花鹿等温柔、可爱、没有其他忌讳的动物做器物或图案，接受范围就会更大些，或者在器物或图案的设计中能做到有的放矢就更好了。

2）植物图案

植物是大自然的重要组成部分，种类繁多、形态各异、五彩纷呈，把植物形态或装饰图案用在包装设计中也是很常见的，可以自然地传达信息，有助于满足消费者的审美需求。

美好的植物总会带给人们自然、清新、健康、美好的印象和愉悦、舒畅的心情，因此设计师常把它们用在包装设计中。植物在平常生活中随处可见，在包装设计时设计师需要把生活中常见的这些植物元素变换成包装中的装饰图案（见图1-11），但是在使用这类图案元素的时候，由于不同的国家和地区对于植物的感情和理解有一定的区别，所以在用它们做包装设计时需要对应不同的国家和地区做出相应的选择。

图1-11　包装设计中植物图案应用实例（康尔齿抑制牙结石牙膏包装-张仁海）

不同国家和地区对植物有着不同的理解和禁忌

荷花——在中国被看作出淤泥而不染的高洁之花，在印度孟加拉国也大受欢迎，被认为是花中君子，代表光明、吉祥、纯洁。但是日本人忌讳荷花，认为是不祥之物。

菊花——备受中国人的喜欢，列为四君子之一。在意大利、阿根廷、智利等国家却不受欢迎，尤其是黄色的菊花更被看作是鬼花、妖花。法国、比利时、西班牙、日本都把菊花，特别是白菊花作为葬礼用物。日本皇室顶饰专用的十六瓣菊花也不适宜在商业包装盒上采用。

百合花——在中国寓意“百年好合”的百合花，在英国、加拿大等国家却用于葬礼。

核桃树——法国人认为是不祥之物。

棕榈树——印度人忌讳。

3）人物图案

在博物馆、书籍或影视剧中我们经常可以看到老式的包装，人物形象常常出现在其中。人物形象，特别是明星形象在包装上的应用可谓是当时的潮流，化妆品、香烟、首饰、药品等无处不见，成为一种非常经典的包装设计风格（见图1-12）。

图1-12　包装设计中人物图案应用（MAC和王者荣耀联名款口红包装-UIDWORKS）

4）几何图案

在日常生活中人们眼睛所能看到的物体和形象中，几乎都存在着几何形态。几何图案不仅可以拼凑出人们看到的大部分物象，其简约的造型还能引发人们的无限想象。几何图形是一种最基本、最朴素的造型元素，是包装设计中重要的组成部分，如图1-13所示。

不同国家不宜使用的几何图案及注释

六角星——向阿拉伯国家出口的商品和包装上，禁用六角星，六角星与以色列国旗上图案相似，阿拉伯国家对带六角星图案的物品非常反感和忌讳。我国向伊拉克出口的装饰花纹曾发现有六角星图案，客户拒绝收货，在政治上和经济上均造成不良影响。

黑桃——法国人视为丧事的象征。

十字架——伊斯兰教国家禁忌，因为是异教标志。

旋转45°的万字符——曾是纳粹党和军团的标志符号。历史上受到纳粹侵略的国家和人民都极其痛恨这一标志。

三角形——三角形在世界各地普遍被作为禁用标志，尼加拉瓜、韩国人认为三角形不吉利，因此应慎用。在捷克，红色三角形是有毒的标志。在土耳其绿色三角形是免费的标志。

国际象棋——伊斯兰教国家禁忌。许多人认为玩国际象棋是训练人们篡夺王位的行为。

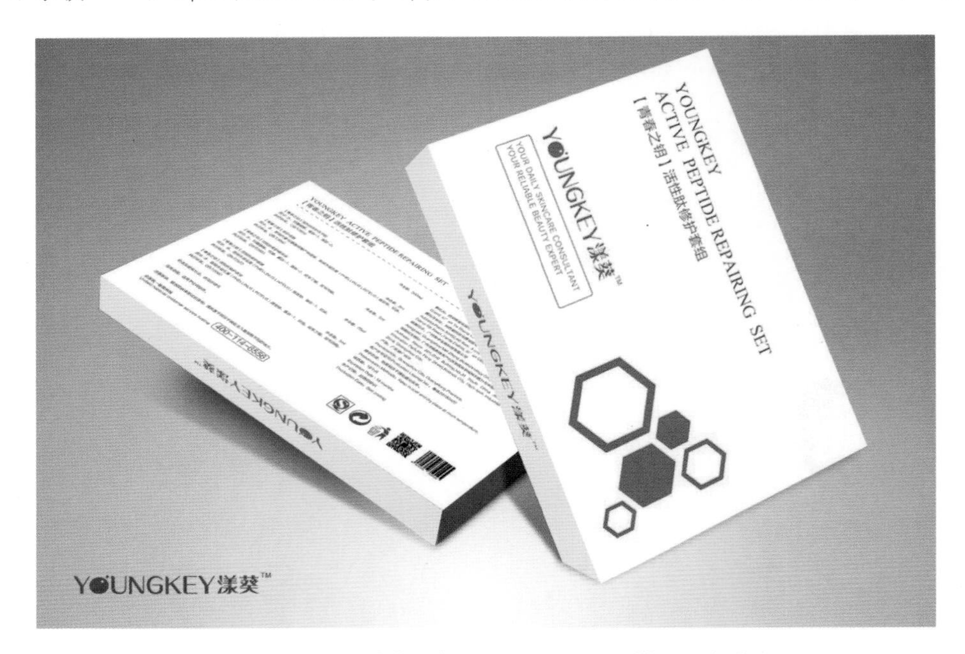

图1-13　包装设计中几何图形应用（漾葵护肤品包装）

5. 材料

包装材料的选择不仅影响包装成本，而且也影响着产品的市场竞争力。包装材料的选用可遵循以下原则。

1）对等性原则

在选择包装材料时，首先应区分被包装物的品性，即把它们分为高、中、低三档。对于高档产品，如仪器、仪表、细软物品等，因其本身价值所在，必须确保其能够安全流通，同时也要做到突出其高端的档次。因此，在选用包装材料方面要考虑它的性能是否优良，是否能体现商品的经济价值与审美价值（见图1-14）。对于出口商品、化妆品等来说，虽然有时不一定是高档商品，但为了满足消费者的心理需求，往往也需要采用高档包装材料。对于中档产品，除考虑美观外，还要多考虑经济性，其包装材料的选用应与之对等。低档产品，一般多指普通消费者需求量较大的一类，对于这类商品则应以实惠为主，应考虑适当降低包装材料的费用和该包装的加工生产费用。

2）适应性原则

包装材料是用来包装产品的，产品必须通过流通才能到达消费者手中，而各种产品的流通条件并不相同，包装材料的选用应与流通条件相适应。流通条件包括气候、运输方式、流通对象与流通周期等。气候条件是指包装材料应适应流通区域的温度、湿度、温差等。对于气候条件恶劣的环境，包装材料的选用更需倍加注意。运输方式包括人力、汽车、火车、船舶、飞机等，它们对包装材料的性能要求不尽相同，如温湿条件、震动大小有差异，因此包装材料必须适应各种运输方式的不同要求。流通对象是指包装产品的接受者，由于国家、地区和民族的不同，对包装材料的规格、色彩、图案等均有不同要求，必须使之相适应。流通周期是指商品到达消费者手中的预定期限，有些商品，如食品的保质期很短，有的可以较长，如日用品、服装等，其包装材料都要相应地满足这些要求，如图1-15所示。

图1-14　选择高档材料制作的包装（中国台湾T9 Legend Collection茶叶包装-贤草品牌顾问）

注：这类包装在形状上方便展示、码放和运输，在材料上也具备抗压能力。

图1-15　符合适应性原则的包装实例（HI!WEEK旅行App周边产品包装-王欣旭）

3）协调性原则

包装材料应与该包装所承担的功能相协调。产品的包装一般分为小包装、中包装和大包装，它们在产品的流通中所起的作用是不同的。小包装也称单个包装，它直接与产品接触，起着保护产品不受伤害的作用，多用软包装材料，如塑料薄膜、纸张、铝箔等。中包装也称内包装，是指将单个产品或单个包装组合成一个小的整体，它的作用是整合，保护微小、零散的小包装，使其便于储运、销售、携带等，主要采用纸板、塑料、复合材料等制作，要求便于装潢、印刷和制作。大包装也称外包装，它的作用是整合中包装，保护产品在储运中的安全，同时也便于装卸。其包装材料首先应该满足抗冲击、防震要求，并兼顾装潢的需要，多采用瓦楞纸板、木板、胶合板等硬性包装材料，如图1-16所示。

图1-16　中包装和小包装组合实例（丽梨雪梨酵素包装-rizboc）

4）美学性原则

产品的包装是否符合审美要求，在很大程度上决定一个产品的命运。从包装材料的选用来说，主要是考虑材料的颜色、触感、透明度、挺度、光泽度等。颜色不同，效果大不一样。当然所用颜色还要符合销售对象的欣赏水平和风俗习惯。触感是指消费者接触到该包装的美好感觉。材料透明度好，使消费者对内部产品一目了然。挺度好会给人以舒展、美观大方之感，从而取悦于消费者。包装材料的光泽度有时是决定该商品档次的重要因素，过之浮华，欠之不足。材料种类不同，其美感差异甚大，如用玻璃纸和蜡纸包装糖果，其效果可能大不一样。

在当今国际市场激烈竞争的情况下，商品包装的形状、图案、材料、色彩以及广告，都会直接影响商品的销售。从包装的选用来说，主要考虑的因素有：材料的颜色、挺度、透明性以及价格。

6. 标签

在标签上一般都印有产品名称、产品标志、包装内容和产品的主要成分，还会标注产品的质量等级、生产厂家名称、地址、联系方式、生产日期和有效期，使用方法和二维码以及条形码等。

厂商必须为产品设计标签，它可能只是附贴在产品上的一个简单签条，也可以是精心设计和产品包装合二为一的图案。有些标签只标明品牌名字，有些标明的内容却相当丰富，尽管厂商较偏好简单的标签，可法律却要求标签必须提供完整的信息，如图1-17所示。

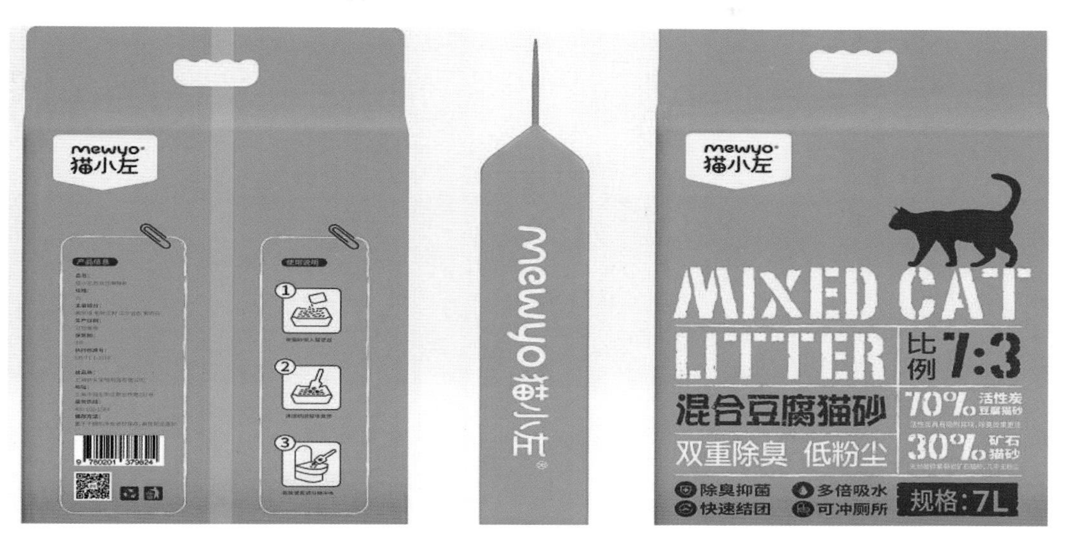

图1-17　包装外观及背部标签、说明性文字实例（猫小左混合豆腐猫砂包装-四喜包装设计）

标签的作用很大，不容忽视。厂商要用心完善标签上应该具有的内容并提供给设计师进行艺术的编排使之成为内容与形式完美凸现的装潢艺术品。标签的功能是让消费者一目了然地识别产品、知晓品牌、获得产品信息，同时美化产品、提高产品档次，从而增加产品的认知度。香吉士柑橘上的Sunkist戳记是最小标签实例，如图1-18所示。

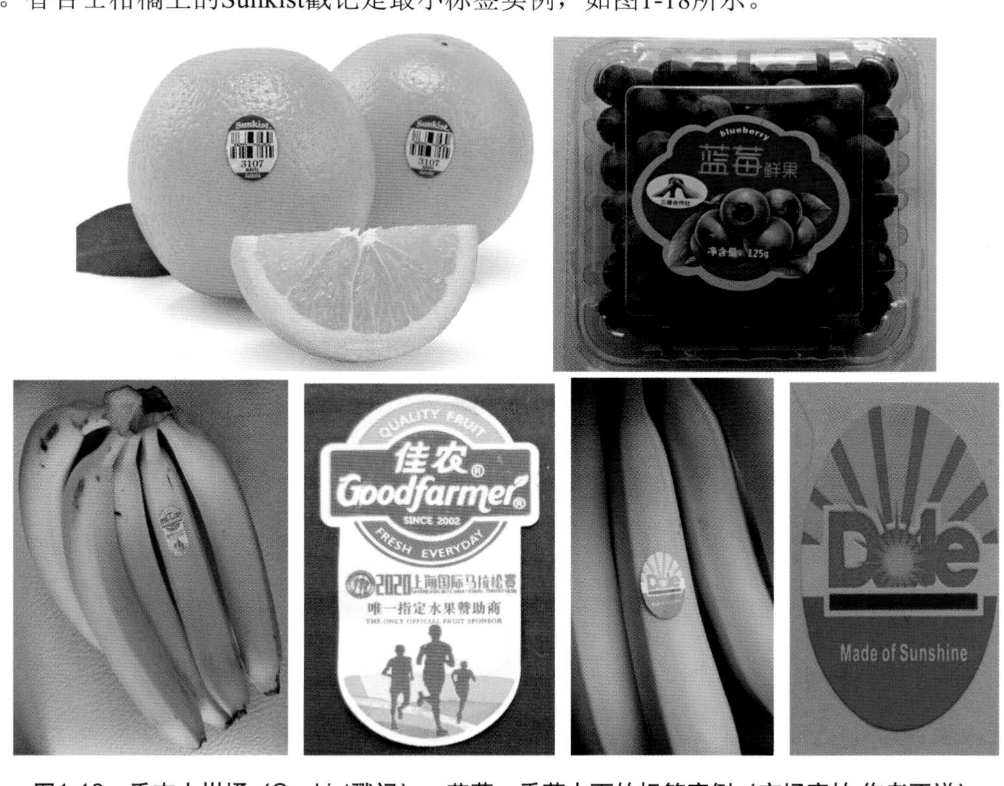

图1-18　香吉士柑橘（Sunkist戳记）、蓝莓、香蕉上面的标签实例（市场实拍 作者不详）

产品的标签可不定期地做出更新，可随着季节的更替或产品的内含进行调整，如图1-19所示。例如，象牙肥皂的标签自19世纪90年代起，在字体的大小与形状上已更新了18次。Orange Crush饮料由于竞争品牌采用印有新鲜水果的标签，而将其标签做了大幅度的修正，新的图样象征着新鲜，同时色调也做了更新。

图1-19　包装上附带的吊挂式小标签实例（美国皇家米德蜂蜜酒瓶名牌）

对于包装设计师而言，包装是一项烦冗而复杂的系统工程，要求设计者不仅具备视觉语言的把握能力、技术环节的驾驭能力和掌握相当的计算机辅助设计能力，还要对消费市场、企业形象推广战略有充分的认识，如图1-20所示。

图1-20　包装设计完成稿效果图实例（莫园敦煌特产包装设计创意-王柳舒）

《中华人民共和国产品质量法》第二十七条明确规定：“产品或者其包装上的标识必须真实，并符合下列要求：

（一）有产品质量检验合格证明；

（二）有中文标明的产品名称、生产厂厂名和厂址；

（三）根据产品的特点和使用要求，需要标明产品规格、等级、所含主要成分的名称和含量的，用中文相应予以标明；需要事先让消费者知晓的，应当在外包装上标明，或者预先向消费者提供有关资料；

（四）限期使用的产品，应当在显著位置清晰地标明生产日期和安全使用期或者失效日期；

（五）使用不当，容易造成产品本身损坏或者可能危及人身、财产安全的产品，应当有警示标志或者中文警示说明。

裸装的食品和其他根据产品的特点难以附加标识的裸装产品，可以不附加产品标识。”

1.2 包装的功能与分类

1.2.1 包装的功能

包装主要具有以下功能。

（1）包装是实现商品价值的一种手段。

（2）包装保护产品，免受日晒、雨淋、灰尘污染等自然因素的侵袭，防止挥发、渗漏、溶化、污染、碰撞、挤压、散失以及盗窃等损失。

（3）包装给流通环节的贮、运、调、销带来方便，如装卸、盘点、码垛、发货、收货、转运、销售计数等。

（4）包装可以美化商品、吸引顾客，有利于销售（相关实例见图1-21）。

图1-21　饮品包装各功能体现的实例（韩国海洋深层水DEEPS包装-STONE）

1.2.2 包装功能的细分

包装的功能大致可细分为以下几个方面：保护与盛载功能、储运与促销功能、美化商品和传达信息功能、卫生与环保功能、循环再生利用功能、成组化与防盗功能等。

符合包装功能的金属材质食品包装实例如图1-22所示。

图1-22　符合包装功能的金属材质食品包装实例（美国made品牌食品包装设计）

1. 保护与盛载功能

保护与盛载被包装物是包装制品最基本的功能。被包装物品的繁简程度决定了包装制品具有各式各样的质地和形态。一些固体的、液体的、粉末的或膏状的被包装物一旦形成商品后，就要经过多次搬运、储存、装卸等过程，最后才能流入消费者手中。在以上流通过程中，难免经历冲撞、挤压、受潮、腐蚀等不同程度的损毁，在这个过程中如何将商品保持完好状态，使各类损失降到最低点，是包装制品在生产制造之前就应考虑的问题，同时也是选材乃至结构设计的依据。具体表现在以下几个方面。

（1）防止震动、撞击或挤压：商品在运输过程中要经历多次装卸、搬运。如震荡、撞击、挤压以及其他偶然因素，极易使一些商品变形、变质或是损坏，因此，在包装选材上应该选取具有稳定保护性的材料，设计出结构合理的盛装制品才能充分保证被包装物的安全（相关实例见图1-23和图1-24）。

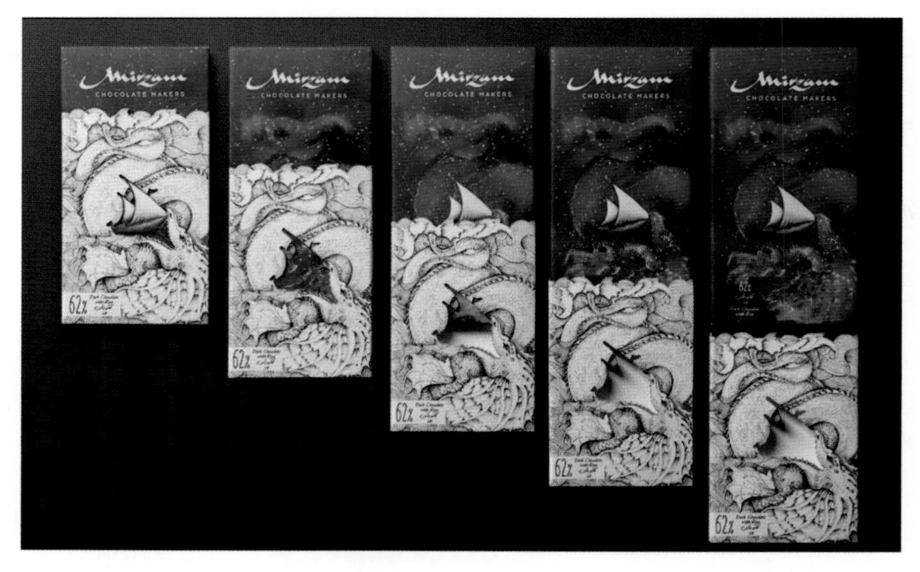

图1-23　采用纸质材料，装配护套，兼顾保护盛载产品与美观的包装设计实例
（mizam阿联酋起源系列巧克力棒插画风格系列帆船海浪包装）

图1-24　硬纸质包装实例（美国Highlighter包装）

注：这类包装，可以有效地防止在运输过程中撞击或挤压给商品带来的影响。

（2）防干湿变化：过于干燥、过分潮湿都会影响某些被包装物品的品质，因此在这一类物品的包装选材上，就要根据被包装物的防干燥或防潮湿要求选取适宜的包装材料。

（3）防冷热变化：温度、湿度高低都会影响某些被包装物的性质。适宜的温度、湿度有利于保质保鲜，不适宜的温度、湿度往往造成被包装物的干裂污损或霉化变质。因此，在包装选材上要根据温度、湿度变化对被包装物产生影响这一客观情况来决定所用材质。

（4）防止外界对内装物品的污染：包装能有效地阻隔外界环境对内装物品的影响，形成一个小范围的相对的“真空”地带，这样，可以阻断不清洁环境产生的微生物对内装物品的侵害，防止污物接触内装物品而使其发生质变。

（5）防止光照或辐射：有些商品不适于紫外线、红外线或其他光照直射。如化妆品、药品等，光照后容易产生质变，使其降低原有功效或失去物质的本色。

（6）防止酸碱的侵蚀：一些商品本身具有一定的酸碱度，如果在空气中与某些碱性或酸性及具有挥发性的物质接触时，就会发生潮解等化学变化，影响被包装物质本质。如油脂类，如果用塑料制品包裹时间过长，就会产生化学变化而影响产品的品质。

（7）防止挥发或渗漏：液态产品极易在储运过程中受损，如碳酸饮料中溶解的二氧化碳的膨胀流失、某些芳香制剂和调味品的挥发失效等，而匹配的包装物与包装手段的选择恰恰能避免其特性的改变。

2. 储运与促销功能

包装与被包装物的有机组合形成了商品，而商品在流通过程中必然存在着运输、储存等环节。各类商品形态的大小不一，会给运输和储存等带来许多问题，包装设计恰恰就是解决这些问题的，包装设计师通过该环节的设计可以统一、集合、重组符合储运要求的规格化的包装，以方便储运或流通过程中的搬运或数量的清点。同时，包装物上还可以设计出凸显被包装物的标识图形、标识文字以及标识色彩，以提醒各个环节的工作人员乃至消费者注意辨识，如图1-25所示。这一环节的设计不仅方便了各项工作环节中的易辨识问题，同时也为产品促销提供了可靠保证。另外，包装上宣传用语的设计也很重要，它对消费者的购买起着指导作用。如香烟包装上“吸烟有害健康”的字样，提醒消费者在购买这类商品时应引起注意，同时也使消费者受到教育。食品包装上关于注意卫生或有关其他方面的宣传、教育用语也是频频出现的。

图1-25　储运与促销包装实例（VeeiVwyn韩国美妆服装品牌包装）

注：规整的包装造型和夺目的色彩运用，既方便储运又能吸引消费者的注意。

3. 美化商品和传达信息功能

包装中视觉效果的传达是包装整体设计中的精华，是包装最具商业性的特质。包装通过设计，不仅使消费者熟悉商品，还能增强消费者对商品品牌的记忆与好感，产生对生产企业的信任度。包装物还可以通过精美的造型设计给人以美感，充分体现出浓郁的文化特色。包装物以明亮鲜艳的色调，在强烈的传统文化节律中表达或渗透着现代的艺术风韵和时代气息，从而使商品具有了鲜活的生命力和美妙的诗意，商品会理所当然地身价倍增，甚至有的包装制品可以当作艺术品来珍藏。这样，就能将消费环节的诸多因素调动起来，在消费市场中进行全方位的渗透，以达到促进消费的最佳实效（相关实例见图1-26）。

图1-26　美化商品和传达信息包装实例（韩国Gusdam品牌泡菜包装）

注：把原材料的形象变化成图案运用到包装上，既能直观准确地让消费者了解到产品的具体信息，又凸显了审美价值。

4. 卫生与环保功能

包装就是将被包装物品合理地盛装在特定的包装物中的一种设计行为。在盛装之前被包装物都要经过或清洗、或干燥、或消毒、或除尘等工序的处理，盛装完被包装物之后，要确保被包装物与外界隔离。包装除了美观大方、保护产品且便于使用外，更要保证其无毒无污染（见图1-27）。现今兴起的包装行业中的绿色革命，在人们心目中形成了一种环保消费的观念，提倡使用可以循环再生利用的或是不会造成环境污染的包装制品。如常见的可降解塑料袋、一次性快餐盒等已广为人知，并备受广大消费者的青睐。而那些污染性强的包装物，一方面已被限制或禁止使用，另一方面也没有市场前景，最终将被社会淘汰。

图1-27　卫生与环保包装实例（韩国传统酒包装）

注：饮品的容器，常常选择经过消毒处理的玻璃材质的容器，既卫生又环保。

5. 循环再生利用功能

包装制品有许多是可以多次循环使用的，有的可以通过回收处理后反复使用，有的通过有效的方式进行再加工处理制成包装制品，如图1-28所示。包装制品的这种循环与再生利用的做法，一方面可降低包装制品的成本，另一方面又可节省资源，符合可持续发展的要求。

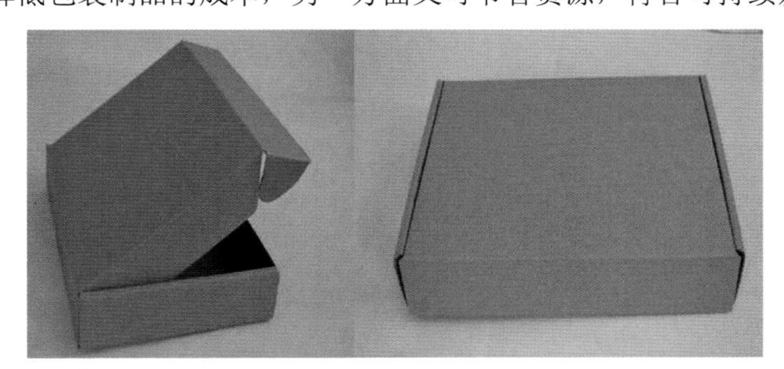

图1-28　能多次使用的纸质包装盒实例（生产厂家、品牌、作者不详）

6. 成组化与防盗功能

成组化是指将同一种商品或同一类商品或不同类商品，以单个包装为单位，通过中包、大包的形式将其组合包装在一起，使包装的功能更加完备，从而达到增加包装功能的效果，如图1-29所示。

图1-29　成组化的包装实例（美国made品牌食品包装）

防盗功能是保护功能的延伸，是为防止被包装物遗失或恶意开启而设计的一种特殊功效。如药品包装罐或者食品包装罐的点接式开启封口或者铝箔纸开启封口一旦被打开，就会留下明显的开启痕迹，从而起到警示作用，如图1-30所示。

图1-30　具有防盗、防破坏警示功能的包装实例（老金磨方产品包装）

注：盖口的最里层是密封的铝箔纸，铝箔纸一旦被划破便警示该包装被人打开过。当然，铝箔纸封口在正常情况下起密封作用。

1.2.3 包装的分类

1. 按产品销售范围分类

按产品销售范围，包装可分为内销产品包装、出口产品包装。

（1）内销产品包装：是为适应在国内销售的产品所采用的包装，具有简单、经济、实用的特点，如图1-31所示。

图1-31　内销产品包装实例（小米电子产品包装）

（2）出口产品包装：是针对国际长途运输所采用的包装。相对内销产品包装来说它的要求会更高，如图1-32所示。

图1-32　适应长途运输要求的出口产品包装实例（生产厂家、品牌不详）

下面介绍出口木箱的种类。

第一种是采用符合出口要求的免检板材做成的木箱，通常采用的是9~15mm厚度的复合板（也称多层板或者胶合板）。

第二种是采用实木做成的木箱，然后经过熏蒸杀毒处理，或者经过热处理，然后盖上IPPC章，出具正规的熏蒸或热处理证明，这样才能是符合出口要求的木箱包装。

2. 按包装在流通过程中的作用分类

按包装在流通过程中的作用，包装可分为单件包装、中包装和外包装等。

1）单件包装

单件包装又称为基本包装或小包装，是最原始也是最常见、最普遍的包装形式，是商品包装中最小的包装单位，故又称为基本包装，基本包装也可以理解为与产品直接接触的包装。

单件包装的主要功能是保护被包装物不受污染不受损坏、介绍被包装物的相关信息，同时还要兼具美化被包装物的功能。其目的是让消费者充分了解所售商品，对被包装物无比信赖、具有好感，从而促进销售，如图1-33所示。

图1-33　单件包装实例（坚果包装-生产厂家、品牌、作者不详）

单件包装在装潢设计方面应该画面简洁、色彩明快，标识色彩、标识字体定位准确且体现个性，以凸显被包装物的品质特色为核心，目的只有一个，那就是让该商品在众多商品中脱颖而出。

2）中包装

中包装主要是为了增强对产品的保护、便于计数和销售而做的组装或套装设计。

在市面上有很多产品都会采用这种组装或套装的形式进行商品包装，其主要目的就是提升产品的附加值以便销售，如图1-34所示。

图1-34　中包装实例（可口可乐六联装）

3）外包装

外包装也称运输包装，如图1-35所示。其主要作用是增加商品在储运中的安全性，且又便于装卸与计数。外包装的表面一般都要标明产品的名称、型号、规格、尺寸、颜色、数量、生产厂家、联系方式、出厂日期等重要信息。另外还要加上一些视觉符号，诸如小心轻放、禁止倒置、防潮、防火、堆压极限、有毒等，以提示在储运中应特别注意。

图1-35　外包装实例（储运包装-生产厂家、品牌、作者不详）

3. 按包装材料分类

按包装材料分类，包装可分为纸质包装材料、塑料包装材料、金属包装材料、竹木包装材料、玻璃包装材料和复合包装材料等。

1）纸质包装材料

由于包装材料受包装形式、包装结构和包装造型的限定，故此，在众多类型的包装中，纸质包装材料显现出它的许多优越性。因纸质包装材料便于加工、成本较低、可塑性强、重量轻且可回收再利用而成为使用频率最高和最受欢迎的包装材料。纸质包装材料主要分为白板纸、彩板纸、牛皮纸、玻璃纸、硅油纸、硫酸纸等。硬度高的纸适用于制作防震抗压等类型的包装，以便于储运和搬卸。软纸适用于制作礼品袋、食物袋、标签、吊牌等类型的包装，以便于塑造形体和入微操作。

纸质包装材料可以最大限度地按照产品的固有形态进行造型设计，例如，可依据方形体、圆形体、圆柱体、锥形体、异形体和组合形体等的产品形态进行包装设计，在进行包装形态设计的同时还要依据包装的结构与审美要求来决定是采用胶合、穿插还是粘接的做法去完成。

纸质包装材料最突出的优势还体现在印刷上，现代设计师利用数字工具和设计软件设计出来的高复杂度、高清晰度的包装图样，在纸质包装材料上体现得淋漓尽致，如图1-36所示。

商品便于携带也是消费者选择的理由。对此，纸质包装材料凸显了它的优势，它手感亲切，既轻便又抗压减震还环保，真乃不可多得的包装材料，如图1-37和图1-38所示。

2）塑料材料包装

塑料是以化学材料或天然的高分子树脂为主要材料，添加各种助剂后，在一定的温度和压力下成型，冷却后可以固定形状的一类材料。

图1-36 纸质包装材料的包装实例（Green Girl面包房品牌包装设计）

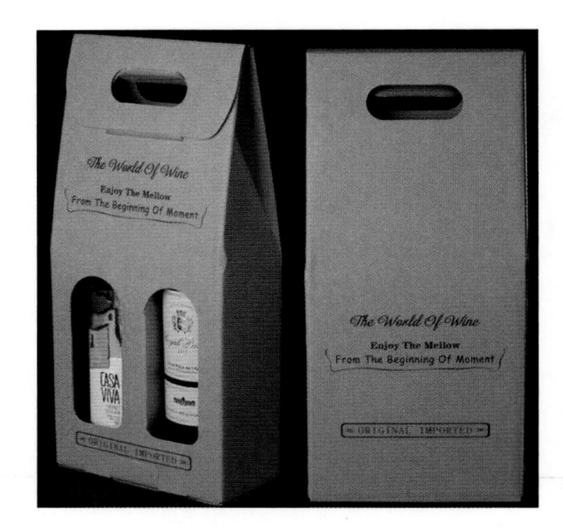

图1-37 牛皮纸材料包装实例（高档葡萄酒洋酒包装盒-生产厂家、品牌、作者不详）

图1-38 白板纸材料包装实例（方糖包装-吴杰warrr）

塑料材料是包装业中四大材料之一（纸质材料、塑料材料、金属材料、玻璃材料被称为包装四大材料）。在包装市场中纸质材料占30%，塑料材料占25%，金属材料占25%，玻璃材料占15%，其他材料占5%。

最常见的塑料包装是塑料包装袋。塑料包装袋按材质可分为定向聚丙烯（OPP）、聚丙烯（PP）、聚乙烯（PE）、高密度聚乙烯（HDPE）、低密度聚乙烯（LDPE）、聚乙烯醇（PVA）、氯化聚丙烯（CPP）、复合塑料材料等。

（1）OPP塑料材料（见图1-39）。

这里的OPP是指定向聚丙烯。

特性：较硬，不可拉伸。可制作文具袋、文件夹等。

做法：单片对折，两侧热压封边。

优点：透明度好。

缺点：两边封口处易开裂。

图1-39　OPP塑料材料包装实例（生产厂家、品牌不详）

（2）PP塑料材料（见图1-40）。

这里的PP是指聚丙烯（Polypropylene）。

图1-40　PP塑料材料包装实例（生产厂家、品牌不详）

特性：硬度次于OPP塑料材料，可拉伸。可制作文件夹、资料袋等。
做法：底封或边封（信封袋），筒料。
透明度比OPP塑料材料差。
（3）PE塑料材料（见图1-41）。
这里的PE是指聚乙烯（Polyethylene）。
特性：有福尔马林，透明度稍差。

图1-41　PE塑料材料包装实例（生产厂家、品牌不详）

（4）HDPE塑料材料（见图1-42）。
这里的HDPE是指高密度低压聚乙烯（High density polyethylene）。
特性：手感脆，多用于制作背心式提物袋（或称马甲袋）。

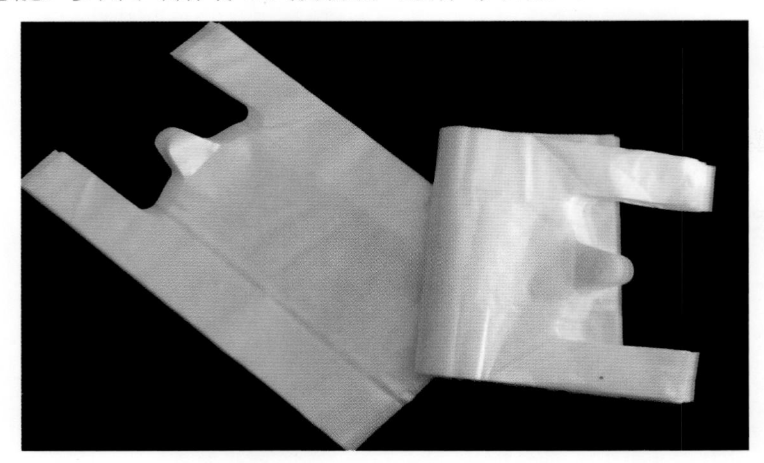

图1-42　HDPE塑料材料包装实例（生产厂家、品牌不详）

（5）LDPE塑料材料（见图1-43）。
这里的LDPE是指低密度高压聚乙烯（Low density polyethylene）。
特性：手感软。

图1-43　LDPE塑料材料

（6）PVA塑料材料（见图1-44）：维尼纶。

这里的PVA是指聚乙烯醇。

特性：环保材料，放在水里会溶化，适宜做内包装。目前，国内不能生产此原料，均由日本进口，价格昂贵，在国外应用较多。

优点：柔软透明度好，无公害。

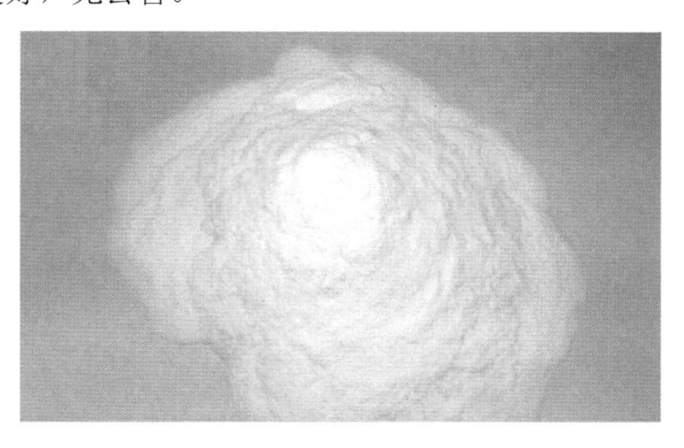

图1-44　PVA塑料材料

（7）CPP塑料材料（见图1-45）。

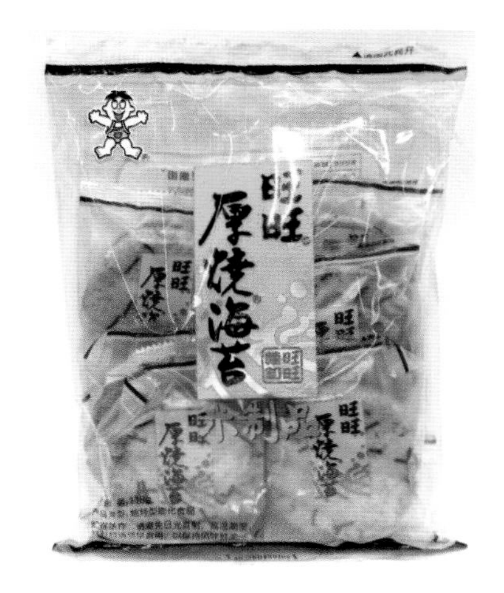

图1-45　CPP塑料材料包装实例（旺旺原烧海苔米饼包装）

这里的CPP是指氯化聚丙烯。

特性：无毒性，无福尔马林，可复合，透明度比聚乙烯好，硬度稍差，拉扯后会变长，质地柔软，有聚丙烯的透明度，有聚乙烯的柔软性。

（8）复合塑料材料（见图1-46）。

特性：边封牢固度好，可印刷，油墨不会脱落。

图1-46　复合塑料材料包装实例（湖湘贡劲舞鸭脖包装）

3）金属材料包装

金属材料最大的优点是具有良好的阻隔性能和坚韧的强度。金属材料包装不仅可以阻隔诸如空气、氧气、水蒸气、二氧化碳等气体，还具有良好的阻光性能，特别是阻隔紫外光，因此不会引起被包装物的潮解、变质、腐败褪色以及气味的变化。

金属材料具有很好的力学性能。金属材料包装刚性大且具有一定的韧性，能经受碰撞、振动和堆叠，便于运输和储存，从而使被包装物的性能得到很好的保护。

金属材料具有良好的热传导性能。使用金属材料做罐头包装最为适宜，它可以提高高温杀菌和快速冷却的工作效率，有些食品罐头还可以做到罐内烹饪，极大地满足了野外旅游和工作繁忙人群的需求。

金属材料具有便于加工的优点。因金属材料的延展性较好，对复杂的成型加工能实现高精度、高速度的生产。例如，马口铁三片罐生产线的生产速度可达到每分钟3600罐。这样高的生产效率极大地满足了相关企业的需求。

金属材料包装因其具有不易破损、携带方便等优点，使得不少产品都选用它作为包装。比如，午餐肉、饼干、巧克力、汽水、啤酒等。

金属材料包装因其自身的价值和美丽的外观提升了整个商品的价值（相关实例参见图1-47），因而得到广大消费者的青睐，甚至有些产品因为选用了金属材料做包装使得同一种原料生产的产品价格倍增。比如，同是可口可乐，金属罐装的价格要比塑料瓶装的价格高出很多。

金属材料包装因其卫生、安全得到了广大消费者的认可。金属材料良好的阻隔特性阻隔了其表面印刷涂料的污染，使被包装物不受侵袭，保证了本来的品质，如图1-48所示。

图1-47　金属材料包装实例（VICTORINOX瑞士军刀套装）

图1-48　金属材料包装实例（德芙巧克力礼盒）

金属材料包装一般在用完后都可以回炉再生，循环使用，既节省了资源又减少了环境污染，即使金属锈蚀后散落在土壤中，也不会对环境造成恶劣影响。

金属材料包装具有良好的屏蔽性能。对高技术电子设备的防护包装，已不只是停留在防潮、防霉、防锈、防震等基本防护功能上，还能根据特殊要求进行包装。如果有电磁波穿透设备中敏感电器元件，电磁波就会像静电放电一样，容易使电器元器件失效，从而影响设备的使用，但经过特殊加工的金属材料包装可以具备良好的屏蔽性能，能有效地保护高技术电子设备免受电磁波的影响。

金属材料包装具有导磁性。根据钢铁质材料具有导磁性的特点，可利用磁力对相应商品进行搬运。

但是钢铁质材料也有一定的缺点，那就是化学稳定性差。钢铁质材料在酸、碱、盐及潮湿的环境中极易锈蚀，这在一定程度上限制了它的使用范围。但现在使用各种性能的特殊涂料，使这个缺点得以弥补。另外，由于金属材料本身的价格比较贵，使得金属材料包装的造价相对会高一些。

4）竹木材料包装

竹木包装材料在众多包装材料中可以称得上是真正的环保材料，用它制作的包装也完全称得上是高档次包装，因此，凡高品质的产品都会选择用竹木材料制作包装，比如，珍贵中草药、名贵酒品、高档工艺品、首饰等。我们往往在商店特别是大商场见到的用竹木做包装的商品其价格一定会高，如图1-49至图1-52所示。

图1-49　竹木材料包装实例（义乌市白惬电子商务商行 作者不详）

注：古朴、高档、奢华、大气，可称作高附加值的设计。

图1-50　竹木材料包装实例（生产厂家、品牌、作者不详）

图1-50　竹木材料包装实例（生产厂家、品牌、作者不详）（续）

注：古朴、高档、奢华、大气，可称作高附加值的设计。

图1-51　竹木材料包装实例（赤杨木造-印泥盒 生产厂家、品牌、作者不详）

注：木本色的选用既高档大气又具现代感，充分体现出设计的价值。

图1-52　竹木材料包装实例（生产厂家、品牌、作者不详）

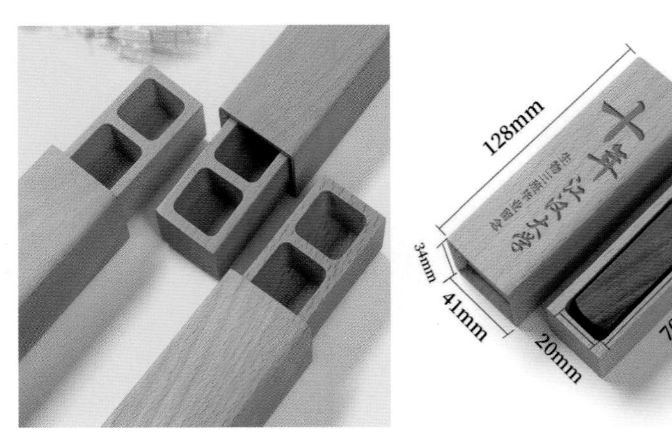

图1-52　竹木材料包装实例（生产厂家、品牌、作者不详）（续）

注：木本色的选用既高档大气又具现代感，充分体现出设计的价值。

5）玻璃材料包装

玻璃材料包装比较常见，它亦属高档环保材料，我们经常看到的诸如药品、饮料、食品、调味品的包装等。可以肯定的是不管是药品、饮料、食品、调味品还是其他产品，一旦选择玻璃材料做包装，那么它的价格都会比其他材料做包装的同一种产品价格要高。玻璃材料包装可分为如下几种。

（1）按口径大小分类。

小口瓶：指瓶口内径小于20mm的玻璃瓶，多用于包装液体产品，如药品、饮料、酒水、调料等，如图1-53所示。

大口瓶：指瓶口内径大于20mm小于30mm的玻璃瓶，形体较粗矮，如牛奶、乳制品等瓶型包装，如图1-54所示。

广口瓶：又称罐头瓶，瓶口内径大于30mm，其颈部和肩部较短，瓶肩较平，多呈罐状或杯状。由于瓶口大，装料和出料均较容易，故多用于包装罐头食品及粘稠物料，如图1-55所示。

图1-53　玻璃材料小口瓶包装实例（可口可乐玻璃包装）

图1-54　玻璃材料大口瓶包装实例（牛奶、乳制品类产品玻璃包装 生产厂家、品牌、作者不详）

图1-55　玻璃材料广口瓶包装实例（蜂蜜瓶型包装设计-Great Depths创意机构）

（2）按几何形状分类。

圆形瓶：瓶身横截面为圆形的瓶型，是常见的瓶型，使用最为广泛且强度较高。其包装实例如图1-56所示。

图1-56　玻璃材料圆形瓶包装实例（红西柚玻璃包装 生产厂家、品牌、作者不详）

方形瓶：瓶身横截面为方形的瓶型，这种瓶型的强度较圆形的瓶型要低，且制造难度较大，故使用量相对较少。其包装实例如图1-57所示。

图1-57　玻璃材料方形瓶包装（蜂蜜玻璃包装 生产厂家、品牌、作者不详）

曲线形瓶：横截面虽为圆形或其他形状，但是瓶高走向却为曲线，包括内凹和外凸两种，如花瓶型、葫芦型等，形式新颖，很受用户欢迎。其包装实例如图1-58至图1-61所示。

6）复合材料包装

复合材料是指将两种或两种以上具有不同特性的材料复合在一起，形成具有综合性质的、更完美的包装材料，如图1-62所示。

图1-58　玻璃材料曲线形瓶包装实例（Gloji能量饮料玻璃包装 生产厂家、品牌、作者不详）

图1-59　玻璃材料包装实例（化妆品玻璃包装 生产厂家、品牌、作者不详）

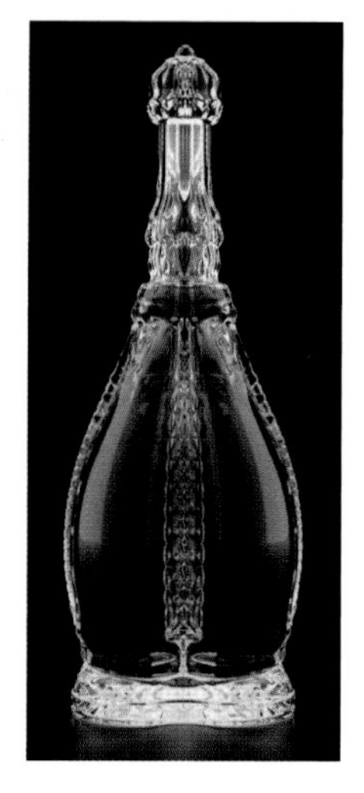

图1-60　玻璃材料包装实例（红酒玻璃包装 生产厂家、品牌、作者不详；农夫山泉矿泉水玻璃包装）

图1-61　玻璃材料包装实例（玲珑玻璃制品有限公司、南平酒瓶-鑫迪酒类包装）

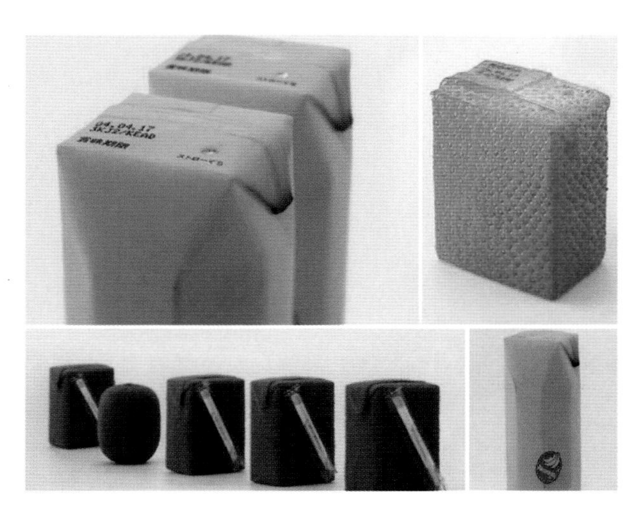

图1-62　复合材料包装实例（果汁包装-深泽直人）

复合材料包装的性质既有共通性又有特殊性，这与复合结构的组成有密切的关系，复合材料包装应具备以下性能。

（1）保护性：应有足够的力学强度，包括抗拉伸强度、防破裂强度、耐折叠强度等。另外，还具有防水性、防寒性、密封性、避光性、耐湿性、耐油性以及绝缘性等。

（2）操作性：即方便包装作业、能适应机械化加工操作，不打滑、不带静电、抗卷翘等。另外耐隔离性要好，有折痕保持性。

（3）商品性：适宜印刷、利于流通、价格合理。

（4）卫生性：无臭、无毒、污染少。复合材料包装要求自身要清洁，不能含有危害人体健康的化学成分。当然它的回收再利用仍是一个有待研究的问题。

4. 按包装使用次数分类

按包装使用次数，包装可分为一次用包装、多次用包装和周转包装等。

1）一次用包装

一次用包装顾名思义就是只能用一次的包装。简单地说就是商品从售出开始到使用者使用它为止，该包装的使命就算完成了，不管它完好与否都不会再使用（其包装实例见图1-63）。比如，糖果从商场买回来，吃完后，其包装就不再有用了。

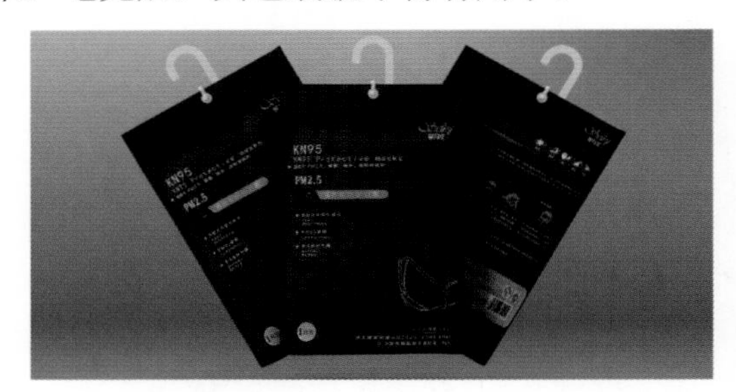

图1-63　一次用包装实例（塞耳比口罩包装-塔普123）

2）多次用包装

多次用包装是指回收后经适当地加工整理，仍可重复使用的包装。多次用包装主要是指产品的外包装和一部分中包装。其包装实例如图1-64所示。

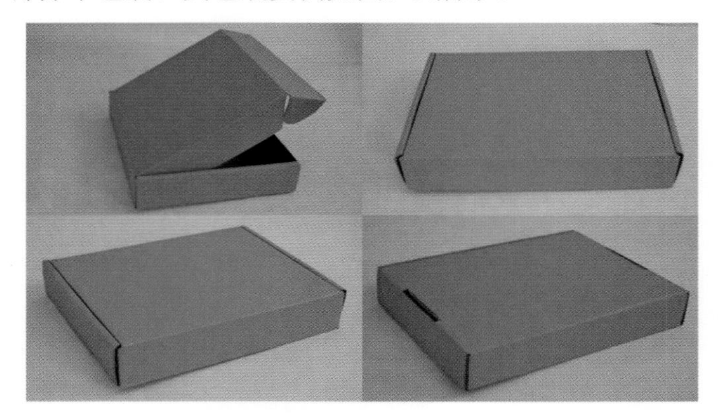

图1-64　多次用包装实例（可重复使用的纸材料包装盒 生产厂家、品牌、作者不详）

3）周转包装

周转包装（物流周转箱）简称为物流箱或周转箱，广泛用于食品与餐饮行业和机械、汽车、家电、轻工、电子等行业。周转包装要求能耐酸、耐碱、耐油污，无毒环保、便于清洁等。它还要求包装坚挺、结构合理、适宜堆放、便于搬运等。其包装实例如图1-65至图1-70所示。

图1-65　PVC、PP中空板材料周转箱实例（生产厂家、品牌、作者不详）

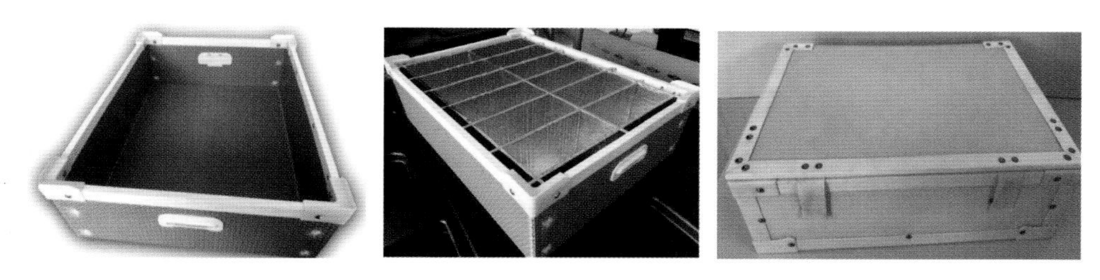

图1-66　PP材料骨架折叠式周转箱实例（生产厂家、品牌、作者不详）

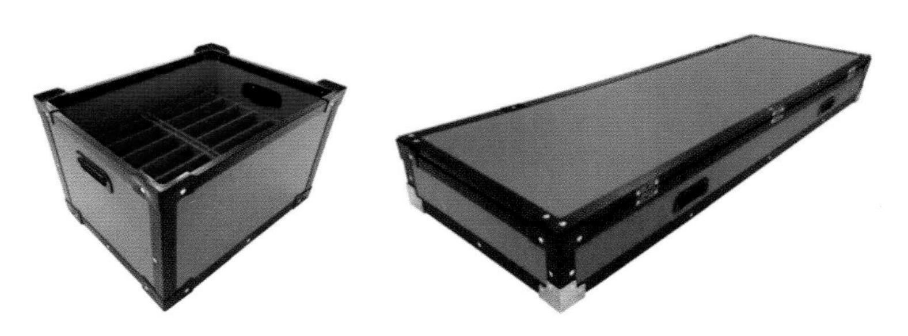

图1-67　汽车专用周转箱实例（生产厂家、品牌、作者不详）

图1-68　实木材料周转箱实例（生产厂家、品牌、作者不详）

图1-69　大型实木材料周转箱（1）

图1-70　大型实木材料周转箱（2）

包装箱式周转箱是一种既可用于周转又可用于成品出货的包装。它轻巧、耐用、可堆叠，可根据用户需求定做各种规格、尺寸的包装箱式周转箱，可铝合金包边加固、可加盖防尘，外形美观大方，适用于五金、电子、机械零配件、冷藏、储存、运输等行业。

5. 按包装容器的软硬程度分类

按包装容器的软硬程度，包装可分为硬包装、半硬包装和软包装等。

1）硬包装

硬包装是指充填或取出被包装物后，包装形状基本不发生变化，材质坚硬牢固，能经受外力冲击的包装。因其材料质地坚硬又称作刚性包装。其包装实例如图1-71所示。

2）半硬包装

半硬包装是指介于硬包装和软包装之间的包装。半硬包装主要包括瓦楞纸板箱、折叠箱、粘贴箱、塑料轻型容器、塑料软管和金属挤压管等。其包装实例如图1-72所示。

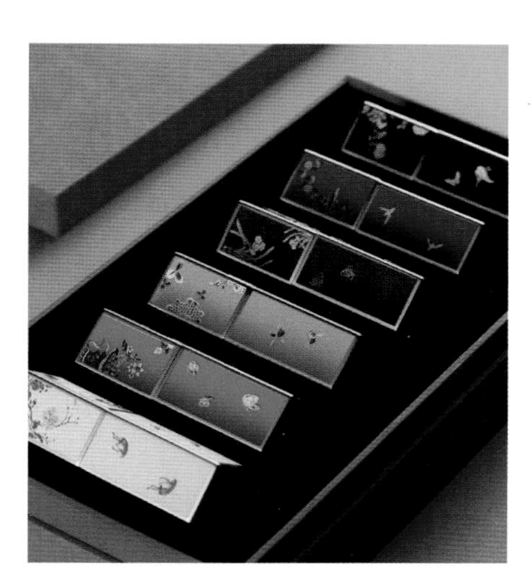

图1-71　硬包装实例（故宫文创口红包装生产厂家、作者不详）

图1-72　半硬包装实例（韩国芜琼花多效炫白牙膏包装生产厂家、品牌、作者不详）

3）软包装

软包装是指在充填或取出被包装物后，容器形状可发生变化的包装。用纸、铝箔、纤维、塑料薄膜以及它们的复合物所制成的各种袋、盒、套、包、封等均属于软包装。其包装实例如图1-73所示。

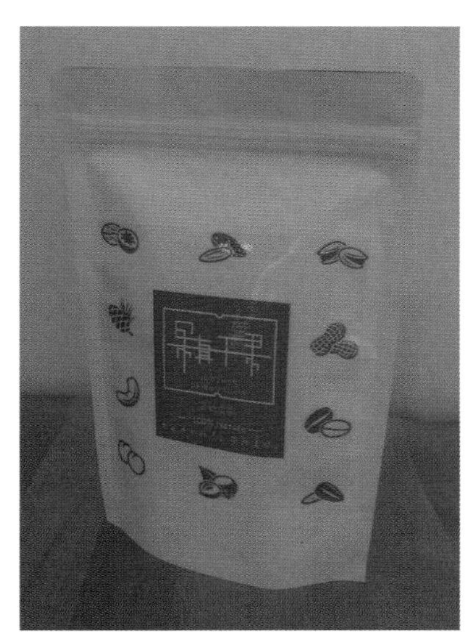

图1-73　软包装实例（果真干果包装创意-张羽）

6. 按产品种类分类

按产品种类，包装可分为食品包装、药品包装、机电产品设备包装、危险品包装等。

1）食品包装

食品包装是食品商品的组成部分，它是食品加工过程中的一个重要环节。食品包装的重要作用是保护食品在离开工厂到消费者手中的流通过程中，防止食品生物的、化学的、物理的和外来因素的破坏。它的另外一个作用是突出美化食品，让食品商品有一个动人的外观，从而吸引消费者，提高销售水平。其包装实例如图1-74所示。

图1-74 食品包装实例（巧克力包装 生产厂家、品牌、作者不详）

2）药品包装

药品包装是指使用专门的材料或容器对药品进行安全保护的包装。它的形式多种多样，有盒、袋、瓶、罐、泡罩等。具体选用哪种形式的包装取决于药品本身的状态，固态药品的包装形式比较灵活多样，盒装、罐装、泡罩装或者真空包装等都可以选择，有时也可选择袋装或者瓶装。液态药品在包装形式上相对于固态药品受限制较多，只能选择袋装或者瓶装（包括气压罐或液压罐）。包装材料也取决于药品的状态，固态药品一般采用纸质材料、木质材料、塑料材料、复合材料、金属材料等。液态药品则仅限于采用玻璃材料（包括陶瓷）、塑料材料和复合材料，个别的液态药品采用金属材料做包装，比如气压罐、液压罐。

药品包装的作用有三个，即保护功能、使用功能和心理功能。

第一，保护功能就是保护被包装药品不受损伤。第二，使用功能就是如何让使用者最为方便地操作、使用该药品。第三，心理功能则需要较为详尽地叙述一下：药品不像食品或者使用品那样容易引起人们的愉悦，甚至会让人心生厌烦和恐惧之感，这在儿童群体中的反应更为明显。针对这种情况，包装设计师需要走心，要想把本来苦涩的药品变成让患者在心理上能接受，就需要做一番硬功课。首先，包装是切入点，因为患者使用药品时第一接触到的就是包装，包装的颜色、形状、手感会给患者一个暗示，这个暗示会让患者做出接受或者排斥的反应。蓝色调、圆润的形状、舒适的手感会使疼痛者镇静；绿色调、有些许棱角的形状、稍硬质且凉爽的手感会使眩晕者平稳；黄色调、具起伏感或裸露感的形状、有些粗糙或凹凸的手感有助于用脑过多者提高逻辑思维；等等。其次，在味觉上做文章，不同功效的药品各有其不同的味道，面对味觉感较强的药品就要做出特殊的处理以虚弱或减除它本身的味觉感，其做法是面对强苦涩味道的药品应该采用一种材料把它们隔离或包裹起来，其一是做糖衣，就是在药品表面涂上一层可食用的甜味剂使其把苦涩的药品包裹起来，这样圆润可爱又带有甜味的像糖豆一样的小药片就会让患者比较容易接受，特别是小孩子。其二是做胶囊，就是用既可以食用又容易溶化的材料做成小胶囊，然后把药物装入胶囊内使其成为一个外形精致圆润、晶莹剔透、秀色可餐的小豆豆，这样患者吃起来就不用恐惧它的苦涩了。药品包装实例如图1-75所示。

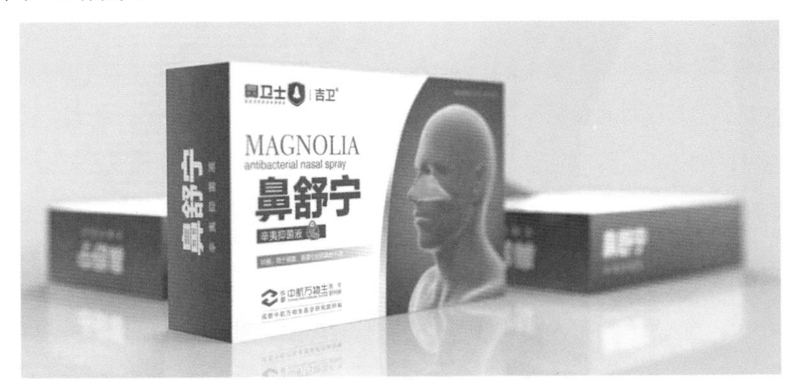

图1-75　药品包装实例（鼻舒宁医药包装-镜柏品牌设计）

我曾经在授课中戏称过：“包装设计是一种善良的骗术。”这种带有诙谐情调的比喻用在药品包装上可能更为贴切。

3）机电产品设备包装

由于机电产品大多体积较大，所以很多机电产品都需要用挺阔度强的瓦楞纸或是木质材料进行包装，如图1-76和图1-77所示。

图1-76　小型机电产品设备包装实例，采用挺阔度强的瓦楞纸做包装（PRORIL产品包装）

图1-77　大型机电产品设备包装实例，采用木质材料做包装（生产厂家、品牌、作者不详）

4）危险品包装

《危险化学品安全管理条例》所称危险化学品，是指具有毒害、腐蚀、爆炸、燃烧、助燃等性质，对人体、设施、环境具有危害的剧毒化学品和其他化学品。危险化学品按其危险程度分为I、Ⅱ、Ⅲ三级。I级为最危险，Ⅱ级为中等危险，Ⅲ级为一般危险。危险品包装涉及的环境因素有明火、高温物体、潮湿空气、照明电器、雨水、日光、振动与冲击等。危险化学品的“损坏”主要是指燃烧、爆炸、中毒和腐蚀性事故，这类事故会给人民生命财产造成重大损失。危险化学品在装卸、运输和储存过程中会不会发生事故不仅与包装有关，还与公路、铁路、海运系统的全面安全管理有关，是非常复杂的问题。图1-78是部分危险品标识实例。

图1-78　部分危险品标识实例（生产厂家、品牌、作者不详）

就危险品包装（其实例见图1-79）而言，涉及的问题有以下几种：

① 包装材料应该有足够的化学稳定性，不会与内装危险品发生化学反应。

② 包装容器要有足够的强度，保证在流通过程中不因容器破裂而造成危险品撒落和溢出。

③ 包装容器要有可靠的密封性能，保证在流通过程中不发生危险品泄漏事故。

④ 包装件要有良好的缓冲性能，保证在没有明火和其他热源的情况下，不因振动和冲击而造成危险品发生燃烧和爆炸事故。

⑤ 包装箱内应装填吸附材料，保证液态危险品在发生泄漏时起到吸附作用。

图1-79　危险品包装实例（生产厂家、品牌、作者不详）

7. 按功能分类

按功能，包装可分为运输包装、贮藏包装和销售包装。

1）运输包装

运输包装又称“外包装”或是“大包装”。它的作用是为了集合“单件包装”或称“小包装”以便于装卸、运输、储存和批量销售（见图1-80）。运输包装分为单件运输包装和集合运输包装两类，前者是可以独立进行运输的包装，其形式类型多种多样，若按包装的外形可分为包、箱、桶、罐、袋、管、卷、捆、提等形式的包装；若按包装的结构方式可分为软性、半硬性、硬性等类型的包装；若按包装材料可分为纸质、金属质、竹木质、塑料、棉麻、陶瓷、玻璃和草柳藤编织等材质的包装。后者是将若干单件包装组合成一件大包装，如集装箱、集装包、集装袋、托盘等。它有利于提高装卸速度与装卸质量、促进装卸机械化流程的应用、减轻装卸搬运的劳动强度、便于运输管理、保证货物数量与质量的准确统计等。运输包装是产品与商品安全的可靠保障，也是产品走向商品、走向生活的有力帮手。

图1-80　运输包装实例（常见的运输包装 生产厂家、品牌、作者不详）

2）贮藏包装

贮藏包装是在仓库储藏时专用的包装，它的作用是把运输包装组合码放在一起，便于人工或叉车在货架上堆码和卸下，防潮货物还需要用塑料膜进行包裹。其包装实例如图1-81所示。

图1-81　贮藏包装实例（仓库货架上码放的贮藏包装 生产厂家、品牌、作者不详）

3）销售包装

销售包装顾名思义就是产品在商场销售时所带有的包装。销售包装是直接接触产品的包装，它的材质、形状、色调、结构的选定以及其上印有的诸多信息都是围绕内装产品而周密设计的。销售包装上的商标（或标志）是产品的合法标签，产品形象画面则是产品品质的真实再现，二者是产品的身份和灵魂，必须显著标识。销售包装上的所有文字标注，诸如产品名称、产品功能、产品成分、使用说明、生产厂家、联系方式、生产日期或限期使用日期、条形码、二维码等都必须对内装产品进行详尽的介绍与说明。另外，如果是中国国内生产而且是内销的产品必须用汉字标识，进口产品也要粘贴汉语翻译的产品说明标签。同一种产品的延续广告要与销售包装的形式、风格相统一，比如，商标（或标志）、标识字体、标识色彩、产品形象等必须一致，目的是让该产品形成一个固定的形象植根于人们的心目中不易忘记，不管是到天涯海角，不管是老人还是小孩，不管是中国人还是外国人见到它就能一眼认出。销售包装如此做的最终目的还是为了让人们在愉悦地欣赏包装之余而尽情地消费。其包装实例如图1-82所示。

图1-82　销售包装实例（同享原生蜂蜜包装-青岛枫缘视觉文化）

8. 按包装技术方法分类

按包装技术方法，包装可分为防震包装、真空包装、抗菌包装、防锈包装和防霉腐包装等。

1）防震包装

防震包装又称缓冲包装，是一种常见的包装方法。防震包装的制作是为了确保产品从生产厂家传递到消费者手中不受损坏而采用的一种技术方法。防震包装的制作常选用具有良好吸能性或耗散性的材料。我们在生活中所能见到的任何包装都或多或少地具备防震功能，那是因为任何材料本身都具有一定的厚度和挺度，只要是把它们做成包装，无论是什么形态都会自然形成一种固有的抗冲击性或抗压性，但这里所说的防震包装是专门针对那些珍贵的易碎易损产品和精密的仪器设备或是高档电子产品等而专门设计制作的，它需要专门的材料和专门的工艺加工。防震包装实例如图1-83所示。

图1-83　防震包装实例（生产厂家、品牌、作者不详）

常用的防震做法有以下几种。

（1）衬垫：即在包装箱内壁与产品之间填充富有弹性、不易变形的缓冲材料，如瓦楞纸、干木丝、海绵橡胶、聚苯乙烯泡沫塑料、充气塑料薄膜等。

（2）现场发泡：其方法是在外包装与衬有薄膜的产品之间的空隙处注入能产生塑料泡沫的异氢酸酯和多元醇树脂发泡材料，约10秒钟后化合物发泡膨胀至本身体积的100～140

倍，并逐渐变成半硬性的聚氨酯泡沫塑料，将形状各异的产品封固在包装箱内，从而起到防震保护的作用。这种方法一般适用于家用电器、工艺品和其他不规则的产品包装。

（3）弹簧吊装：其做法是用多根特制的弹簧从箱内不同方位将商品悬置吊装在包装容器中间，以达到防震目的，这种做法一般用于防震要求较高的精密仪器包装。

（4）机械固定：即在产品和包装框架或底板之间用橡胶模压件连接固定，这种做法一般适用于重量较大的机械产品包装。

2）真空包装

真空包装也称减压包装，是将包装容器内的空气全部抽出密封，维持袋内处于高度减压状态，空气稀少处于低氧状态，使微生物没有生存条件，目前常见的有塑料袋真空包装、铝箔真空包装、玻璃器皿真空包装、塑料及其复合材料真空包装等。真空包装实例如图1-84所示。

图1-84　真空包装实例

由于果品属鲜活食品，尚处在呼吸状态，高度缺氧会造成生理病害，因此，果品类使用真空包装的较少。真空除氧除了抑制微生物的生长和繁殖外，另一个重要作用就是防止食品氧化，因油脂类食品中含有大量不饱和脂肪酸，受氧的作用而氧化，使食品变味、变质。此外，氧化还使维生素A和C损失，食品色素中的不稳定物质在氧的作用下颜色变暗。所以，除氧能有效地防止食品变质，保持其色、香、味及营养价值。

这种方法多用于食品，如鲜肉、鲜鱼、鲜肉肠等生鲜易腐性食品的包装。由于包装容器内没有空气，因此在一定的贮藏期内，食品不会发霉、腐烂、变质。如果对羽绒制品采用真空包装，还可使体积压缩80%～90%，节省存放空间。

3）抗菌包装

抗菌包装是将符合要求的包装材料与防腐剂组合，将制约食品有效贮藏的各种因素巧妙地结合运用，以提高食品的货架期和安全性。抗菌包装视不同食品对象而异，通过必要的处理手段，建立起一系列有效抑制微生物生长和存活的屏障。诸如一定的水分、一定的pH值、一定的温度、一定的气体氛围等，以保持食品在保质期内的稳定性。应用现代科技手段，在明确了与食品保存稳定性相关的关键因素的基础上，发展此项技术，有助于实现一些传统食品的工业化，这类包装也经常应用于卫生用品，如图1-85所示。

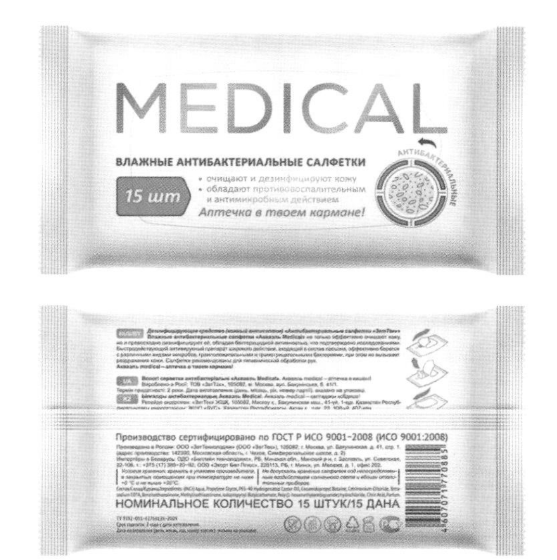

图1-85　抗菌包装实例（俄罗斯医用抗菌卫生湿巾包装设计）

4）防锈包装

防锈包装的应用主要是针对机械产品中的钢铁部件。防锈包装所涉及的环境因素主要是空气中的湿度和氧气，金属的锈蚀是电化学锈蚀和吸氧锈蚀，防锈包装的使用就是根据这个已知特点对包装和内装物进行相关处理，方法是在金属表面浸涂防锈油脂后将其装入阻隔性能良好的密封容器内，并使容器内部始终保持干燥和缺氧状态；或者在密封容器内装入气相防锈剂代替防锈油脂，也可以获得同样的效果。采用如上方法的目的是阻断水蒸气和氧气，以保证金属表面不受影响。防锈包装实例如图1-86所示。

图1-86　防锈包装实例（生产厂家、品牌、作者不详）

5）防霉腐包装

防霉腐包装的应用主要是针对以动植物为原料加工而成的产品，以食品为主，但不仅限于食品。防霉腐包装所涉及的环境因素是霉腐微生物，包括细菌、酵母菌和霉菌。动植物类产品之所以会发生霉腐变质，是因为这类微生物在产品上生长繁殖的结果。防霉腐的基本方法是用阻隔性能优良的密封容器包装动植物类产品，并采取各种适当的措施，使霉腐微生物不能危害内装产品。这些措施包括：干燥防霉、高温杀菌、低温防霉、气调防霉、辐射防霉和化学防霉。

防霉腐除如上措施外，还要对包装材料进行防霉处理。防霉腐包装必须根据微生物的生理特点，改善生产和控制包装储存等环境条件，达到抑制霉菌生长的目的，如图1-87所示。第一，要尽量选用耐霉腐和结构紧密的材料，如铝箔、玻璃和高密度聚乙烯塑料、聚丙烯塑料、聚酯塑料及其复合薄膜等，这些材料具有微生物不易透过的特性，具有较好的防霉效能。第二，要求容器有较好的密封性，因为密封包装是防潮的重要措施，如采用泡罩、真空和充气等严密封闭的包装，既可阻隔外界潮气侵入包装，又可抑制霉菌的生长和繁殖。第三，采用药剂防霉的方法，可在生产包装材料时添加防霉剂，或用防霉剂浸湿包装容器和在包装容器内喷洒适量防霉剂，如采用多菌灵（BCM）、百菌清、水杨脱苯胺、菌舀净、五氯酚钠等，用于纸质、皮革、棉麻、木材等包装材料的防霉。第四，还可采用气相防霉处理，主要有多聚甲醛、充氮包装、充二氧化碳包装，也具有良好的防霉腐效果。

图1-87　防霉腐包装实例（正林瓜子真空包装）

注：采用真空方式，内部兼配干燥剂。

9. 按包装的结构形式分类

按包装的结构形式，包装可分为泡罩包装、热收缩包装、托盘包装、组合包装等。

1）泡罩包装

泡罩包装是将物品放在包装底（纸板）板上，再用透明塑料罩壳加热封固，但罩壳不与被包装物贴体，其包装实例如图1-88所示。泡罩包装适用于形状复杂、怕压易碎等产品，如牙刷、电池、药品、玩具、文具、小工具等的包装。其罩壳透明光亮、装配容易、抗磨损、防尘防潮，还可以让购买者清楚地看到内装产品的相貌，在超级市场内随处可以见到这类包装形式。

图1-88　泡罩包装实例（金霸王电池包装）

2）热收缩包装

热收缩包装也是市场上比较常见的包装形式，它是采用收缩薄膜包裹在产品或包装件外边，经过加热使收缩薄膜紧裹产品或包装件，相比泡罩包装，它可以更多地包裹内装产品，而且更能全面地展现内装产品的全貌。

热收缩包装是采用一种具有热收缩性能的塑料薄膜（经过拉伸冷却工艺）包装产品（其包装实例如图1-89所示），然后送入加热室加热，待冷却后薄膜会按一定比例收缩，紧紧裹住被包装物。热收缩包装广泛用于日用工业品、纺织品、小五金以及食品等产品的包装。

图1-89　热收缩包装实例（24瓶瓶装可口可乐）

3）托盘包装

托盘包装是指以托盘为承载物，将产品或包装件堆码在托盘上，通过捆扎、包裹或胶粘等方法加以固定形成一个搬运单元，以便用机械设备搬运，如图1-90所示。

图1-90 托盘包装实例（生产厂家、品牌、作者不详）

4）组合包装

组合包装就是将多种不同类型的产品组装在一起的包装。它能使各种不同的产品组合集中，方便消费者一次能购买到多种产品，满足自用或是作为礼品馈赠亲友。常见的组合包装商品如组合干果提盒、组合饮品提盒、组合杂粮提盒等，它们一般是用一个设计精美的中包装把预先分装好的各种小包装装在一起，形成一个含有多种产品的组合包装，如图1-91所示。也有用热收缩薄膜把各种不同商品包裹在一起的。

图1-91 组合包装实例（三只松鼠组合包装商品，它将多种干果组装在一起）

1.3 包装的历史与发展

包装是一个既古老而又现代的话题，也是人们自始至终在研究和探索的课题。从远古的原始社会、农耕时代，到科学技术十分发达的现代社会，包装随着人类的进化、商品的出现、生产力的发展和科学技术的进步而逐渐发展，并不断地发生一次次重大突破。从总体上看，包装大致经历了原始包装、传统包装和现代包装三个发展阶段。

1.3.1 原始包装

人类使用包装的历史可以追溯到远古时期。早在距今一万年左右的原始社会后期，随着生产工具的不断完善，生产技能得以提高，从而促进了生产的发展因为有了剩余物品，人们便产生了贮存这些物品和用这些物品进行交换的想法，于是开始出现原始包装。最初，人们用葛藤捆扎猎获物，用植物的叶子、贝壳、兽皮等包裹物品，这些做法便形成了原始包装的胚胎。以后随着劳动技能的不断提高，人们则以植物纤维等制作出最原始的类似现在篮、筐之类的盛装工具；以火煅烧石头、泥土制成泥壶、泥碗和泥灌等用来盛装、保存食物及其他物品等。至此原始包装便产生了。

1.3.2 传统包装

约在公元前4000年至公元前7年，人类进入了青铜器时代。4000多年前的中国夏代，中国人已能冶炼铜器。商周时期青铜冶炼技术进一步发展。春秋战国时期人们掌握了铸铁炼钢技术和制漆涂漆技术，铁制容器、涂漆木制容器大量出现。在古代埃及公元前3000年就开始吹制玻璃容器。用陶瓷、玻璃、木材、金属加工各种包装容器已有上千年的历史，其中许多技术经过不断完善发展，一直使用到如今。

早在汉代，公元前105年中国的蔡伦发明了造纸术。公元2世纪至公元3世纪，中国造纸术经高丽传至日本。12世纪造纸术传入欧洲。北宋仁宗时期，中国的毕昇发明了活字印刷术。13世纪印刷术传入欧洲，包装印刷及包装装潢业开始发展。16世纪欧洲陶瓷工业开始发展，17世纪玻璃厂已经遍布欧洲许多国家，开始生产各种玻璃容器。至此，以陶瓷、玻璃、木材、金属等为主要材料的包装工业开始发展。近代传统包装开始向现代包装过渡。

1.3.3 现代包装

自16世纪以来，由于工业生产的迅速发展，特别是19世纪的欧洲产业革命，极大地推动了包装工业的发展，从而为现代包装工业和包装科技的产生和建立奠定了基础。

18世纪末，法国科学家发明了用灭菌法包装储存食品，导致19世纪初出现了玻璃罐头食品和马口铁罐头食品，使食品包装科学得到迅速发展。进入19世纪，包装工业开始全面发展，1800年机制木箱出现，1803年英国工程师布·迪金组装出了第一台长网造纸机，1819年镀锡金属罐出现，1855年英国希利和艾伦共同发明了瓦楞纸，1868年美国人约翰海尔兄弟发明了世界上最早的塑料——赛璐珞。

进入20世纪，科技的发展日新月异，新材料、新技术不断出现，聚乙烯、纸、玻璃、铝箔，各种塑料、复合材料等包装材料被广泛应用，无菌包装、防震包装、防盗包装、组合包装、复合包装等技术日益成熟，从多方面强化了包装的功能。

20世纪中后期开始，国际贸易飞速发展，包装已为世界各国所重视，大约90%的商品需经过不同程度、不同类型的包装，包装已成为商品生产和流通过程中不可缺少的重要环节。目前，电子技术、激光技术、微波技术广泛应用于包装工业，包装设计实现了计算机辅助设计（CAD），包装生产也实现机械化与数字自动化生产。

包装工业和技术的发展，推动了包装科学研究和包装学的形成。包装学科涵盖物理、化学、生物、人文、艺术等多方面内容，属于交叉学科群中的综合学科，它有机地吸收、整合了不同学科的新理论、新材料、新技术和新工艺，从系统工程的角度来解决产品保护、储存、运输及促进销售等流通过程中的综合问题。包装学科的分类比较多样，通常将其分类为包装材料学、包装运输学、包装工艺学、包装设计学、包装管理学、包装装饰学、包装测试学、包装机械学等分学科。目前，中国已有众多所高校开办了包装工程专业或包装设计专业，包装人才队伍日益壮大。

包装的发展有着悠久的历史，包装设计的定义虽然各个国家都略有不同，但基本的出发点都是一致的。包装的功能和分类多种多样，这些知识的掌握，能使包装设计者在进行设计工作时，有一个好的理论基础。

1. 熟记包装设计的定义并理解其含义。
2. 根据自己的理解，想想怎样的包装算是好的包装设计？

对本章已学内容进行认真仔细的复习，深入了解包装学所涵盖的内容以及包装业的发展历史。找出一个你认为好的品牌包装设计作为思考的切入点，深入研究该品牌的历史沿革和以往各个时期的包装设计状况。

作业形式：梳理研究思路，准备好下次课上与老师互动时所交流的问题。

注：好的品牌包装设计可以是书中提到的，也可以是课外的知名品牌的包装设计。

包装设计与市场

扫码收听本章音频讲解

学习要点及目标

本章的学习要点是：详细了解包装设计项目的市场调查与品牌决策的核心所在。目的是为包装设计项目的顺利进行打下良好的基础。

引导案例

小米10Pro包装设计

案例分析：图2-1至图2-3所示的包装是小米品牌新款5G手机“小米10 Pro”的销售包装，2020年上半年推出的“小米10 Pro”5G手机，更新了包装的面貌，采用了纯黑的底色，搭配多彩反光效果的文字，设计简洁，沉稳大气，科技感十足，明显地与其他同类产品的包装区别开来。“小米10 Pro”5G手机的包装配以小米品牌经典的文字排版方式，没有多余的装饰，非常直观，尽显小米高端手机的独特品质。

图2-1　小米品牌新款5G手机销售包装（1）

图2-2　小米品牌新款5G手机销售包装（2）

图2-3　小米品牌新款5G手机销售包装内部

2.1 包装设计项目市场调查与决策

2.1.1 对企业及品牌的了解

在接到一个设计任务的时候，需要在设计工作开始之前，对需要服务的企业及品牌，进行总体情况的调查，主要是对企业及品牌总体情况的调查。内容包括：企业的生产经营及发展状况，品牌知名度、忠诚度和对品牌的印象，产品结构、产品细分情况，产品研发现状，品牌核心，等等，如图2-4所示。

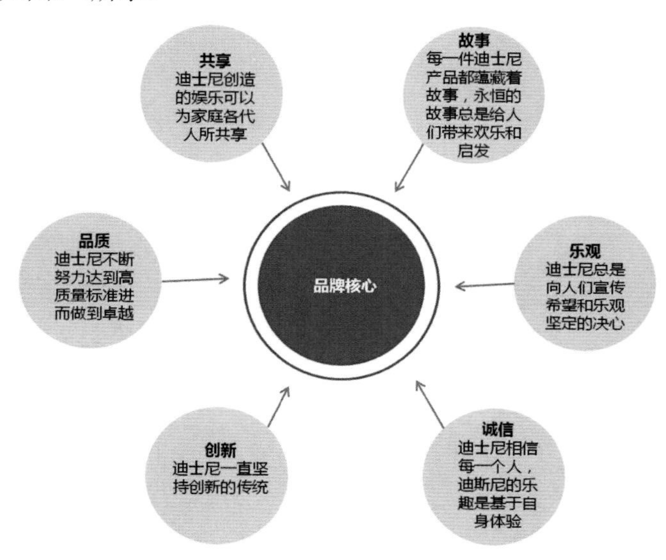

图2-4　迪士尼品牌核心图解

注：如果接到一个包装设计任务，第一项要做的工作就是对该企业、该品牌进行详尽的了解，只有扎实地做好这一步才能稳步地向前发展。

2.1.2 对包装设计项目具体要求的了解

在对需要服务的企业或者品牌进行总体调查的同时，还需要对设计项目的要求进行具体的了解，主要包括以下几个方面。

（1）该项目中所涉及的品牌是否为创新品牌？当前品牌的名称是否为意向名称，需不需要重新设计？品牌名称的注册工作是否由设计者来承担？

（2）我们要做的工作如果是对现有包装的改造，那么企业认为现有包装存在哪些问题？具体要求是什么？

（3）所包装的产品在市场竞争中存在哪些优势和不足？要达到的目标市场是什么？

（4）包装档次的定位是什么，应具备哪些功能？

（5）目标消费群是谁？

（6）是终端产品还是流通产品？主要销售市场在哪些区域？

2.1.3 竞争对手的调查分析

在实际进行设计工作之前，应该对同类产品的竞争对手进行调查，如图2-5所示，主要可以从以下几个方面进行调查和分析。

图2-5 故宫文创口红礼盒展示

注：分析出竞争品牌的同类产品包装的优势是什么，并思考如果同样做口红的包装，怎样与其区分，如何展现自己的创意。

（1）对同类产品市场状态的调查。

（2）同类产品共有哪些品牌，主要竞争品牌是哪一个？

（3）竞争品牌在同类产品中具有的优势和存在的问题是什么？品牌概念、产品造型、包装材料、包装设计或品质、价格上的优势和存在的问题是什么？

（4）促成消费者购买或者不购买的主要理由是什么？

2.1.4 同类产品包装设计情况调查研究

同样地，在设计之前也要对同类产品的包装设计进行研究，如图2-6所示，主要可以从以下几个方面进行调查和研究。

注：用一个花纹的变形作为主体图案，占了整个包装标签的主要位置，用色上和酒本身颜色的呼应，加以整体颜色的对比，希望加深购买者对这款产品的印象。

图2-6 Korean Craft Liquor韩国传统米酒包装

（1）品牌形象的传达是否给消费者较深的印象和记忆？

（2）品牌或包装留给消费者的图形记忆是什么？

（3）品牌视觉规范形象是否已建立？

（4）包装的功能信息传达是否准确到位，是否达到传达力度？

（5）包装色彩、造型、档次、风格是否被消费者喜爱，是哪些方面的优秀或不足而使得品牌成功或失败？

（6）包装的设计表现是否良好？

（7）竞争品牌的优势或不足在哪？

（8）包装的货架展示效果哪个品牌好或差，为什么？

2.1.5 消费群体的调查分析

在进行设计构思的时候，一定要明确被服务的企业或品牌的目标消费群体是怎样的。

消费者调查项目有：年龄、性别、文化程度、收入、职业和职务、社会地位、购买习惯、风格喜好、购买力等。不同民族的文化背景、风俗习惯、民族特色，也会对设计产生影响。调查内容可根据具体产品情况，选择需要调查的项目。学生在包装设计课程中所做的巧克力产品包装设计的市场调查，如图2-7所示。

亚慧巧克力消费者调查分析

本次调研共访问巧克力产品的消费者316人，其中女性占62.9%，男性占37.1%，按照统计学的原理，本次调研的置信度在96%以上，完全符合市场调研的准确度。

目标人群月消费：对于多数年轻人收入都不会太高。知名巧克力品牌的高价位，很多消费者每月只能吃很少的巧克力产品。平均每月吃10元以下巧克力产品的消费者最多，占到45.5%；其次是11-20元的，占22.3%；每月吃21-30元的排在第三位，占19.6%；平均每月吃30元以上消费者占比率，合计只有12.6%。从调查结论发现，中档、口感好的巧克力产品会有很大的市场需求空间。

目标人群吃巧克力的主要顾虑

a易发胖：30.7%　b价格高：15.1%　c含糖高：15.1%　d 不宜牙：13.5%

e高热量不利健康：11.4%　f质量问题占：9.7%　g其它顾虑占：4.5%。

适不消费人群：

患有痛风、冠心病、动脉粥样硬化、胆结石症等患者不能吃巧克力。因为多吃巧克力后可使体内脂肪堆积过多，增加心脏负担，使病情更趋加重。

糖尿病人不宜吃巧克力。因为巧克力内的大量糖分进入体内往往会使糖尿病人的病情得不到控制。

引起便秘的鞣酸类物质，多吃会加重便秘，使患者更加痛苦。

市场消费人群定位：中青年消费者，主要针对年轻情侣。

拥有14亿人口的中国，巧克力正以10%-15%的年增长率迅猛发展，市场消费潜力高达200亿元。中国人均年消费巧克力只要达到1千克，就是全球最大的巧克力市场。

巧克力好处：降低胆固醇升高 巧克力中含有大量的可可脂，硬脂酸含量很高，它非但不会给你带来麻烦，反而可以降低血液中的胆固醇，更不存在威胁体重的问题。相反，比起巧克力，牛羊肉、鳗鱼、鸡蛋等“健康”食物更易带来高胆固醇。

缓解压力 巧克力能提高大脑内一种叫“塞洛托宁”的化学物质的水平。它能给人带来安宁的感觉，更好地消除紧张情绪，起到缓解压力的作用。

降低血压 德国科研人员对44名健康成年人的调查表明，每天吃热量不高于30卡路里的黑巧克力，18周后这些人的血压平均降低2.9毫米汞柱。不过白巧克力和过量食用巧克力却没有这种功效。

有益心脏 黑巧克力含有一种天然抗氧化剂黄酮素，能防止血管变硬，同时增加心肌活力、放松肌肉，防止胆固醇在血管内积累，对防治心血管疾病有一定功效。

正常的人每天适合吃15克到30克，不包括有糖尿病和肥胖的人。

包装材料：由于巧克力自身的特质，在包装时要求做到防吸湿溶化、防香气逸散、防油脂析出酸败、防污染、防热等方面的要求。所以对于巧克力的包装材料要求非常严格，既要保证包装的美观性，又要做到上述的包装要求。市场上出现的巧克力的包装材料主要有纸制品包装、铝箔包装、锡箔包装、塑料软包装和复合材料包装。

包装材质一般价位：0.37`10元。

巧克力价位：一般大约50元一斤　进口大约60`100元国内松露巧克力大约30元一斤。

图2-7 亚慧巧克力产品包装设计之消费者调查及分析实例（亚慧巧克力包装设计-张亚慧）

2.1.6 销售渠道的调查

在进行设计时还需要明确商品的销售渠道，主要可以从以下几点来调查。

（1）首先确定所包装的产品是做区域市场还是全国市场或者是国际市场。

（2）在确定了市场范围之后随之定位所包装的产品是面向一线城市还是二线、三线城市。

（3）产品是走终端渠道销售还是走流通渠道销售或者是走特殊渠道销售。

（4）线上销售还是线下销售或者是线上线下同款销售。

2.1.7 调查结果分析

通过对企业、品牌、产品、竞争对手、消费群体、销售渠道的调查了解，清楚地掌握了设计项目产品所涉及的各种详尽的市场信息和数据资料，有针对性地进行定位设计。如果是旧包装的改良，则要找出原有包装的优点与不足，取长补短，抛砖引玉。

根据如上的信息和数据资料进行汇总分析，并且以书面的形式形成一个分析报告，该报告就是展开设计的脚本，后续的一切工作都要依据这个脚本去做，如图2-8所示。

通过以上资料调查在现有的巧克力市场上加以改良，市场人群主要定位青年人和情侣消费人群中；以中档、口感好的巧克力产品为主，内外以环保的纸质和锡纸材料包装，通过以日常、节日、亲情、爱情、友情、高雅、梦想做系列的巧克力包装。
市场上对于巧克力好处没有进行特意宣传，可以从巧克力的每天食用量和健康食用巧克力常识方面，在外包装上体现出来，引导消费者正确了解巧克力对人体健康的好处。

材质：外包装以环保无污染的纸质盒为主，用折叠式小礼品盒包装及容器包装；内包装以漂亮的颜色的锡纸包装，吃完的包装纸
可根据外包装盒上的折纸方法，折叠成各种鲜花等，可与外包装结合，二次利用成为一个精致的装饰品。
商标：以字体模式呈现以流畅的线条及中国书法相结合。
色调：以暖色调为主
图案:利用中国文化与西方文化元素结合。
产品宗旨：每天一小块，健康有快乐。（健康食用巧克力，环保利用每一个包装）
作品:系列3个。
最后达到消费者从巧克力外包装；打开巧克力食用的品尝感及食用后的体验感，使消费者拥有一种既有快乐、健康、美感，又能欣然接受的巧克力。

图2-8 亚慧巧克力产品包装设计之调查结果分析及设计思路的确定（亚慧巧克力包装设计-张亚慧）

2.2 包装设计与品牌建设

2.2.1 品牌

品牌是产品的商业名称，是由企业独创的，具有显著特点的，用以识别卖主的产品的某一名词、术语、标记、符号、设计或它们的组合，其基本功能是把不同企业之间的同类产品区别开来，使竞争者之间的产品不致发生混淆。品牌增值的源泉来自于在消费者心目中所形成的关于其载体的印象，品牌的价值也正如美国《财富》杂志1996年所指出的那样“品牌代表一切”。

1. 品牌构成要素

1）品牌构成的显性要素（以“小米品牌”示例）

（1）品牌名称：小米，其含义为粮食，能够填饱肚子的普通粮食。很显然它是针对苹果品牌而为的，苹果为水果，水果在人们的普通生活中非必需品。而粮食是生活的必需品，一时没有都不行。小米品牌的确立其创意具有深厚的内涵，故它可以在众多品牌中声名鹊起。

（2）标识与图样：用极简的而且辨识度极高的MI做标识形象，MI即汉语拼音的米字，旁边的两个汉字“小米”字形简明易识，字体挺拔厚重之余又不失隐隐的柔美，两边合在一起形成了一个形式与内容完美统一且具审美体现的标识图样。

（3）标志：经过对两个汉语拼音字母MI（米）的微妙变形处理，形成了一个充分展现品牌形象又极具审美价值的标志。处理过的M的外形时而宛如一扇厚重的大门深邃莫测，时而酷似一个电子按键意喻开启数字化的新时代。“MI”还是Mobile Internet的缩写，代表小米是一家移动互联网公司。如此之巧真乃天作合美。

（4）标识字体：两个汉字“小米”是小米品牌的标识字体，只要是小米品牌旗下的产品无论是包装还是宣传广告都必须是这个字体。

（5）标识色彩：橘红色是诱发食欲的颜色，小米虽然是价格低廉的普通的粗粮，但它健康营养，是人们离不开的东西。橘红色的选用更增加了人们食用它的欲望，如图2-9所示。

图2-9 小米品牌形象实例

（6）标识包装：小米产品的包装是极简的，方方正正，植物本色纸质，没有浮华的雕饰是它的特点。

归结如上品牌构成的显性要素便可显现小米品牌的创意策略：小米，意为粮食，能够填饱肚子的普通粮食。很显然它是针对苹果品牌而为的，苹果为水果，水果在人们的普通生活中有也行，一时没有也无大碍，而粮食是生活的必需品，一时没有都不行。小米品牌的确立其创意具有深厚的内涵，故它可以在众多品牌中声名鹊起；标识与图样：用极简的而且辨识度极高的MI做标识形象，MI即汉语拼音的米字，旁边的两个汉字“小米”字形简明易识，字体挺拔厚重之余又不失隐隐的柔美，两边合在一起形成了一个形式与内容完美统一，且具审美品位的标识图样；标志：经过对两个汉语拼音字母MI的微妙变形处理，形成了一个充分展现品牌形象又极具审美价值的标志。处理过的M的外形时而宛如一扇厚重的大门深邃莫测，时而酷似一个电子按键，意喻开启数字化的新时代；标识字体：两个汉字“小米”为小米品牌的标识字体，只要是小米品牌旗下的产品，无论是包装还是宣传广告都必须用这个字体；标识色彩：橘红色是诱发食欲的颜色，小米虽然是价格低廉的普通的粗粮，但它健康营养，是人们离不开的东西，橘红色的选用更增加了人们食用它的欲望；标识包装：小米产品的包装是极简的，方方正正，植物本色环保材质，没有浮华的雕饰是它的特点。

2）品牌构成的隐性要素（以“小米品牌”示例）

（1）品牌承诺：简单地说就是企业经营要有一个自己的盈利或亏损的最高值，这当然需要通过精准的预算才能确定，然后作出一个承诺。盈利了，到多少为止；亏损了，到多少为底线。超出预想的范围就要按照最先的承诺作出行动。小米品牌的承诺是这样的：“小米硬件综合净利润率永远不会超过5%。如有超出的部分，将超出部分全部返还给客户。”如图2-10所示。

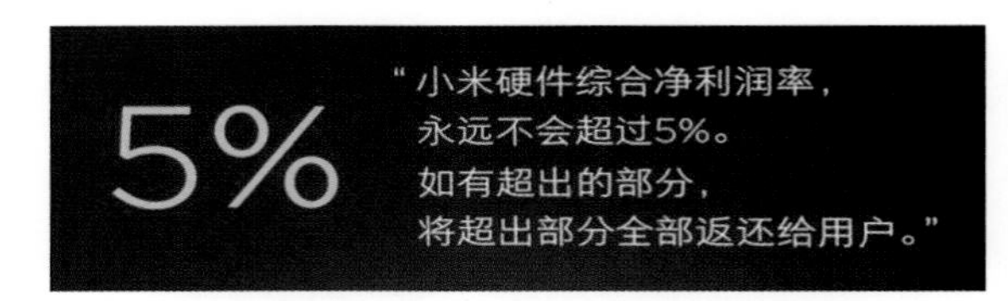

图2-10　小米品牌承诺实例

（2）品牌个性：何为个性？就是与众不同。如果一个品牌总是趋同于大众，那么它迟早会被市场淘汰。

（3）品牌体验：一个人刚出生，父母会给他取一个名字，这个名字就是他的符号并生死相随。当然，这个名字也许好听也许不好听，也许内涵深邃也许平庸无华，这完全取决于取名的人。一个品牌的诞生也正是如此，通过这个名称可以看出取名人的知识程度、文化修养，一个耐人寻味、意义深远的品牌名称标志着企业决策人的水平同时也决定着这个品牌的身价和命运。“小米”“苹果”是如此，“百事可乐”“可口可乐”也是如此。

2. 品牌的特征（以“小米品牌”示例）

1）品牌是产品的综合象征

“小米”是粮食，它象征着“温饱生活”人类生存不可或缺。

2）品牌是企业的无形资产

一个驰名品牌确实能给企业带来巨大财富，暂且不说小米品牌旗下不断涌现的有形资产能卖多少钱，就单是把小米这个品牌卖掉就值450亿美元。品牌打造何等重要！

3）品牌是企业市场竞争的工具

企业用心打造品牌无疑是为自己在激烈的市场竞争中战胜对手增添助力工具，有了这个强大的工具就可以无往而不胜获得巨大的成功。“探索黑科技，小米为发烧而生”是小米品牌的战略目标和市场定位。“黑科技”一词是在日本动漫《全金属狂潮》中登场的术语，原意是指非人类自力研发，凌驾于人类现有科技之上的知识，引申为以人类现有的世界观无法理解的猎奇物，这里指的是新技术。小米为自己制定的战略目标就是开发新技术。“发烧”是发烧友的意思，发烧友是形容痴迷于某件事物的词语。小米的市场定位就是引领潮流“制造”发烧友。小米的品牌特征就在于此，如图2-11所示。小米的品牌理念如图2-12所示。

图2-11　小米的品牌特征实例

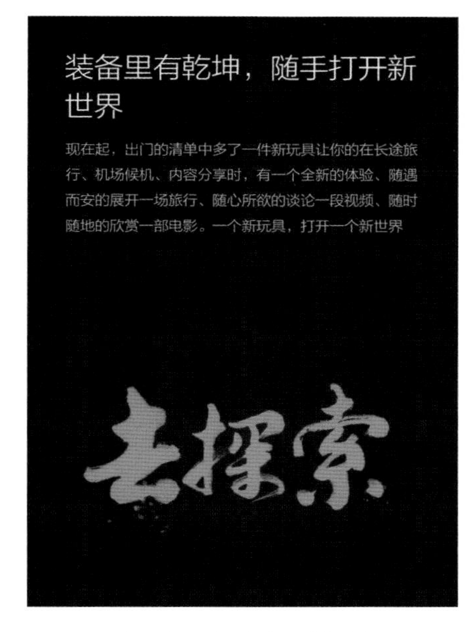

图2-12　小米的品牌理念

4）品牌具有一定的风险性和不确定性

辩证地看问题是唯物主义的特征，凡事都有它的两重性。这个问题我想不必过多地叙述，自己去理解就是了。

3. 品牌的作用

（1）品牌可以使一个企业通过大批量生产其品牌下的产品来扩大企业的规模和提高经济效益。

（2）任何技术都可以模仿，唯有品牌具有不可模仿性，一个成功的品牌可以对竞争对手形成防御的森严壁垒。

（3）品牌可以将企业与其竞争对手区分开来，它可以提升企业的资本和其在市场中的竞争力。

（4）在市场竞争中，强有力的品牌形象可以使企业在与零售商和其他市场中介机构的关系中占据有利的市场地位。

（5）对消费者来说，备受尊崇的品牌是质量、方便、地位等需求得到有效满足的始终如一的保障，它是消费者对其信任的一种契约。

2.2.2　包装与品牌

1. 包装是品牌的视觉载体

单就品牌二字而言，它只是一个可读可写的代名词而已，没有具体形象。最后人们对品牌的认知是通过包装获得的，企业所有产品的包装是其品牌形象的集合体，是它们承载着品牌的总体形象。

2. 包装是品牌的销售工具

毋庸置疑，好的包装能够让品牌形象深入人心，人们会通过这个形象看到其旗下产品的本质。

3. 包装是品牌的品质体现

我们可以想象一下如果小米手机换成另外的包装形式会是怎样的感受。包装必须和内装物真的品质相匹配，不能不包装也不能过分包装更不能滥包装，挂羊头卖狗肉要不得，明珠暗投也不理性，好的包装应该是产品真实品质的具体体现。

4. 包装是品牌的传播载体

我们已经知道包装的功能是保护、美化产品的，但是它还有一个隐性的功能那就是品牌传播功能，它将带着它所承载的品牌灵魂走遍每个角落，并植根在那里让品牌开花结果。小米品牌的部分产品包装实例如图2-13至图2-15所示。

图2-13　小米品牌小型电子产品包装实例

图2-14　小米品牌大型电子产品包装实例

图2-15　小米品牌产品包装实例

注：具有强烈食欲感的橘红色是小米品牌本质的又一个层面的体现。

从小米手机前期的包装（见图2-16）可以清楚地看到，这个时期的包装完全秉承的是“小米”是“粮食”的初衷和信念。粮食的最根本作用是供人们生活，当生活富足了，也要享用“水果”的滋养，而且还要“牛肉”“海参”“鱼虾”。当下的小米公司可能正在做……

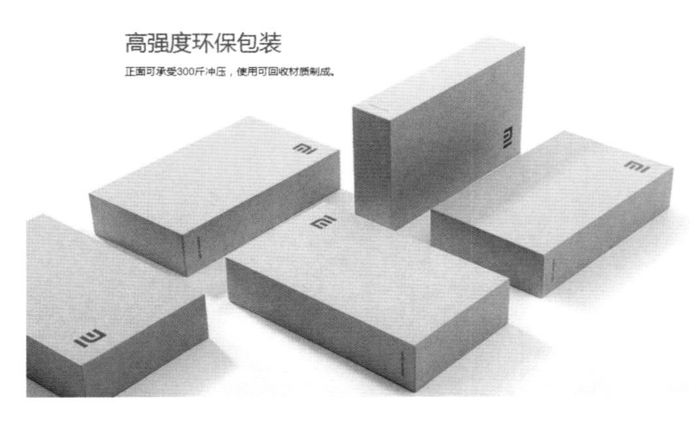

图2-16　小米手机前期的包装实例

2.2.3　包装设计与市场销售相结合

1. 确定以商品定位为中心的包装设计

正如前文所述，商品定位就是首先确定该商品的消费群体是哪个层面，然后依据这个消费群体的购买意向，确定该商品的总体包装定位。这可以称作是有的放矢，这样做的目的非常明确，就是精准对位，既没有得不偿失又没有无谓的浪费。

2. 大力提高产品包装在货架上的展示效果

产品的包装其重要性不言而喻，俗话称“货卖一张皮”一针见血地道出了包装的重要性。所以说我们在做包装设计时，要特别用心而且非常客观地反映产品的真实面貌，以获得该产品在货架上的完美展示效果。包装设计的原则是：不言过其实地虚假吹捧产品又不明珠暗投埋没产品本来的光彩。

3. 系列化设计是市场销售对产品包装的时代要求

现代产品销售与原始产品销售不同的是，现代产品销售不论是销售方式、流通渠道、市场范围还是销售者本身或者是销售对象都发生了颠覆性的变化。比如，现代销售方式是以线下实体与线上网络销售的方式取代了原始的物品交换、地摊叫卖或是单独的店铺售卖的销售方式；流通渠道是以网上预约买卖与现代物流的流通渠道取代了原始的业务员推销、厂家送货、店铺存储的流通渠道；市场范围是以全方位的国内市场与国际化大市场取代了原始的就地销售与单一区域销售的市场范围。当然这是因为先有了现代化的流通渠道；销售者身份是以电商的身份取代了生产者的身份；销售对象是由小范围的自产自销式的消费群体变成全国范围的或是国际范围的消费群体。因此，要求产品包装设计必须适应这个巨大的变化，现代化的销售方式、流通渠道、市场范围必须要有与之相对应的包装形式，否则无法保证产品的安全运送与正常销售。

本章小结

包装设计在进行实际构思之前，需要对所做项目的企业或品牌有细致的了解，对项目所涉及的产品的相应市场进行细致的调查，才能为后续的设计工作打好基础。

思考练习

1.包装设计的前期都需要做哪些方面的调查？

2.对包装设计与品牌建设是怎么理解的？

实训课堂

对本章已学内容仔细阅读，详细了解包装设计项目的市场调查与品牌决策的核心所在。并结合第一章内容的学习，自己主观确定的品牌包装设计主题进行相应的市场调查印证，并根据市场调查所得来的客观数据，再次确定品牌包装设计的主题。同时确定品牌定位，产品定位，消费群体定位等。

根据最后确定的品牌包装设计主题，写一个不少于600字的调查报告，另附一份不少于500字的包装设计创意策略。

注：可参照小米品牌的创意策略。

例如：

假设你选择了LV这个品牌，如图2-17所示，那么根据对该品牌曾经做过的市场调查和分析结果展开设计思维。

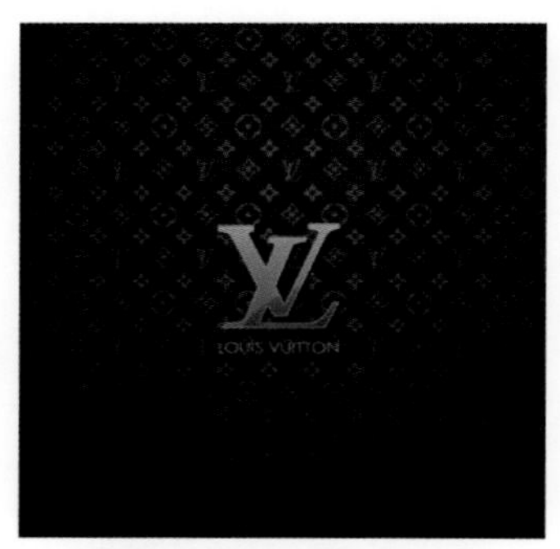

图2-17　LV品牌标志

（1）草拟品牌名称。

（2）草拟品牌形象标识。包括：品牌标志、商标、标识字体、标识色彩等。

（3）草拟包装形式。包括：形体结构、材料选择等。

（4）草拟制作方式、制作成本等。

（5）制作包装效果。

注：可手绘效果图、可计算机辅助绘制效果图、可制作模型等。

（6）汇总市场调查报告和如上5项，草拟《×××品牌×××产品包装设计手册》或《×××品牌×××产品系列包装设计手册》。

注：系列包装设计不少于3件（项）；该草拟的设计手册只是提纲挈领，是为后续的展开设计提供一个大纲。

第3章 包装设计程序与策略

扫码收听本章音频讲解

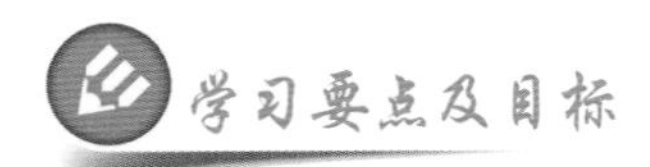

学习要点及目标

本章的学习要点是详细了解包装设计的程序，并能够依据所学知识，科学地制定适合所设计项目的严谨规划。

引导案例

亚慧巧克力包装设计

图3-1和图3-2所示为亚慧巧克力包装设计手册的市场调查报告和设计策略。

案例分析：本案例为一套巧克力产品包装设计作业，整个案例从调查分析到最后的实物制作完成，全部都是按照包装设计程序来完成的，整体策略制定合理，思路清晰，创意独特。

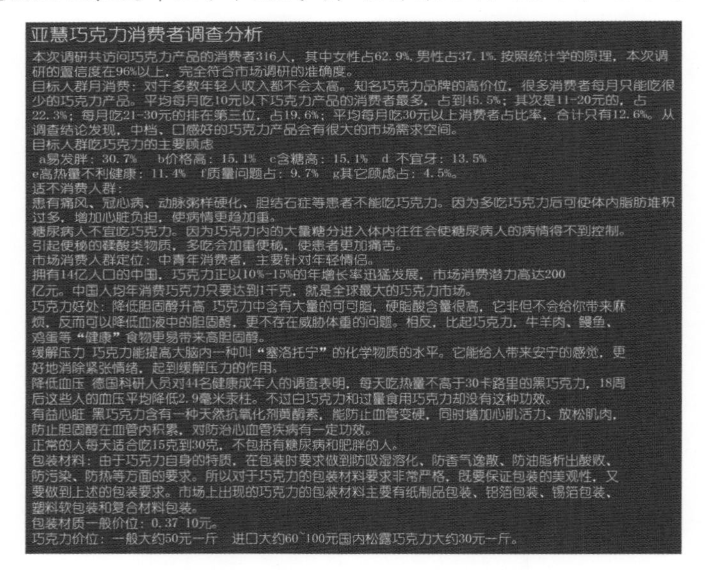

亚慧巧克力消费者调查分析

本次调研共访问巧克力产品的消费者316人，其中女性占62.9%，男性占37.1%，按照统计学的原理，本次调研的置信度在96%以上，完全符合市场调研的准确度。

目标人群月消费：对于多数年轻人收入都不会太高。知名巧克力品牌的高价位，很多消费者每月只能吃很少的巧克力产品。平均每月吃10元以下巧克力产品的消费者最多，占到45.5%；其次是11-20元的，占22.3%；每月吃21-30元的排在第三位，占19.6%；平均每月吃30元以上消费者占比率，合计只有12.6%。从调查结论发现，中档、口感好的巧克力产品会有很大的市场需求空间。

目标人群吃巧克力的主要顾虑

a易发胖：30.7%　b价格高：15.1%　c含糖高：15.1%　d 不宜牙：13.5%

e高热量不利健康：11.4%　f质量问题占：9.7%　g其它顾虑占：4.5%。

适不消费人群：

患有痛风、冠心病、动脉粥样硬化、胆结石症等患者不能吃巧克力。因为多吃巧克力后可使体内脂肪堆积过多，增加心脏负担，使病情更趋加重。

糖尿病人不宜吃巧克力。因为巧克力内的大量糖分进入体内往往会使糖尿病人的病情得不到控制。

引起便秘的鞣酸类物质，多吃会加重便秘，使患者更加痛苦。

市场消费人群定位：中青年消费者，主要针对年轻情侣。

拥有14亿人口的中国，巧克力正以10%-15%的年增长率迅猛发展，市场消费潜力高达200亿元。中国人均年消费巧克力只要达到1千克，就是全球最大的巧克力市场。

巧克力好处：降低胆固醇升高 巧克力中含有大量的可可脂，硬脂酸含量很高，它非但不会给你带来麻烦，反而可以降低血液中的胆固醇，更不存在威胁体重的问题。相反，比起巧克力，牛羊肉、鳗鱼、鸡蛋等“健康”食物更易带来高胆固醇。

缓解压力 巧克力能提高大脑内一种叫“塞洛托宁”的化学物质的水平。它能给人带来安宁的感觉，更好地消除紧张情绪，起到缓解压力的作用。

降低血压 德国科研人员对44名健康成年人的调查表明，每天吃热量不高于30卡路里的黑巧克力，18周后这些人的血压平均降低2.9毫米汞柱。不过白巧克力和过量食用巧克力却没有这种功效。

有益心脏 黑巧克力含有一种天然抗氧化剂黄酮素，能防止血管变硬，同时增加心肌活力、放松肌肉，防止胆固醇在血管内积累，对防治心血管疾病有一定功效。

正常的人每天适合吃15克到30克，不包括有糖尿病和肥胖的人。

包装材料：由于巧克力自身的特质，在包装时要求做到防吸湿溶化、防香气逸散、防油脂析出酸败、防污染、防热等方面的要求。所以对于巧克力的包装材料要求非常严格，既要保证包装的美观性，又要做到上述的包装要求。市场上出现的巧克力的包装材料主要有纸制品包装、铝箔包装、锡箔包装、塑料软包装和复合材料包装。

包装材质一般价位：0.37~10元。

巧克力价位：一般大约50元一斤　进口大约60~100元国内松露巧克力大约30元一斤。

图3-1　亚慧巧克力包装设计手册的市场调查报告实例（作者：张亚慧）

通过以上资料调查在现有的巧克力市场上加以改良，市场人群主要定位青年人和情侣消费人群中；以中档、口感好的巧克力产品为主，内外以环保的纸质和锡纸材料包装，通过以日常、节日、亲情、爱情、友情、高雅、梦想做系列的巧克力包装。

市场上对于巧克力好处没有进行特意宣传，可以从巧克力的每天食用量和健康食用巧克力常识方面，在外包装上体现出来，引导消费者正确了解巧克力对人体健康的好处。

材质：外包装以环保无污染的纸质盒为主，用折叠式小礼品盒包装及容器包装；内包装以漂亮的颜色的锡纸包装，吃完的包装纸

可根据外包装盒上的折纸方法，折叠成各种鲜花等，可与外包装结合，二次利用成为一个精致的装饰品。

商标：以字体模式呈现以流畅的线条及中国书法相结合。

色调：以暖色调为主

图案:利用中国文化与西方文化元素结合。

产品宗旨：每天一小块，健康有快乐。（健康食用巧克力，环保利用每一个包装）

作品:系列3个。

最后达到消费者从巧克力外包装；打开巧克力食用的品尝感及食用后的体验感，使消费者拥有一种既有快乐、健康、美感，又能欣然接受的巧克力。

图3-2　亚慧巧克力包装设计手册的设计策略实例（作者：张亚慧）

3.1 包装设计程序

3.1.1 包装设计的准备阶段

1. 设计立项

根据目标企业所交付的设计任务，在进行了主观分析判断和客观条件的对比之后确定该项目的可行性与否。

2. 市场调查分析

市场调查是完成该项目最初的工作也是必要的工作，它是后续的设计工作的依据，换句话讲，没有市场调查的设计工作是无章可循的工作，是没有胜利保证的工作。市场调查报告的出笼等于为整个设计工作制定了一个严密的操作程序，或者说是一场大戏的脚本，不管后续的工作多么繁复只要照章办事就万事大吉了。下面列举一个学生在包装设计课上做的市场调查，当然市场调查报告完成的并不是非常标准，但是它有一定的代表性，完全可以做一个参考。

3. 确定设计策略

通过市场调查分析，结合客户的基本设计要求，确定设计的基本策略。

3.1.2 包装设计的实施阶段

1. 创意设计及表现

进行初步的创意和设计，并完整地表现出来，亦称为草图设计，如图3-3所示。

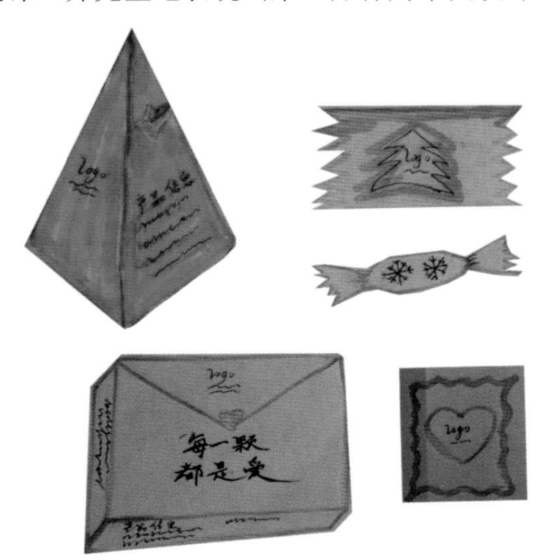

图3-3　亚慧巧克力包装设计的草稿设计实例（作者：张亚慧）

2. 设计方案的提案

完成设计方案的提案并按照规定日期提交给客户初审。

3. 设计方案的调整

根据客户的反馈意见进行提案的修改，并随时与客户进行沟通、修改，直至客户满意为止。记住设计师要始终坚守最初提出的并与客户认同的设计理念，这样才能使设计出的作品有灵魂有骨肉。

4. 设计方案的确定

最终确定的方案是通过前三步的缜密推敲完成的，它是设计具体实施的指南。

3.1.3　包装设计的生产阶段

1. 包装设计制作图

在交付厂家生产之前设计者需要把所要生产包装的制作图设计出来（如图3-4、图3-5所示），生产厂家根据制作图进行生产制作。

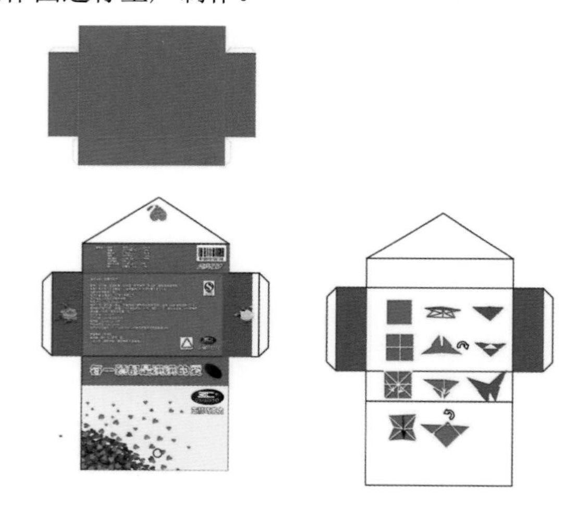

图3-4　亚慧巧克力包装设计的方形包装设计制作图实例（作者：张亚慧）

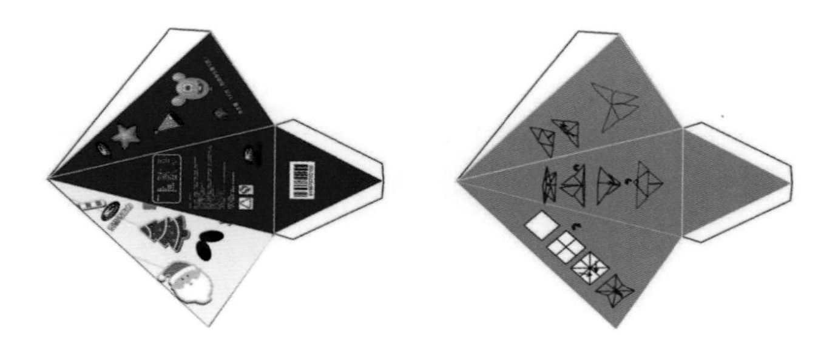

图3-5　亚慧巧克力包装设计的锥形包装设计制作图实例（作者：张亚慧）

2. 包装生产

生产厂家根据设计者提供的制作图以及提出的制作要求进行生产制作。

3. 评价鉴定

包装的生产制作厂家在批量生产之前，先要制作出少量的样品来交于委托企业和设计者进行评价鉴定，符合委托企业的要求并达到设计者的设计预想之后，生产厂家才能按照委托企业要求的数量进行批量生产，如图3-6所示。

图3-6 亚慧巧克力系列包装设计成品实例（作者：张亚慧）

3.2 现代市场竞争中的包装策略

3.2.1 与产品要素相适应的包装策略

1. 系统化包装策略

系统化包装策略就是生产企业所生产经营的产品都必须采用带有统一标识的包装进入市场进行销售和宣传，使之形成一个具有血统性的家族形象，以加强企业以及产品在市场上的认知度。这里所说的带有统一标识的包装是指带有统一的标识色彩、统一的标识字体、统一的商标、统一的标志、统一的图案等，如图3-7所示。这个系统化包装策略是包含在CI设计中的属于VI设计的一部分。大型企业都要引入CI设计对企业进行总体形象策划以提高自己在市场竞争中的影响力，这也是企业实力的标志。

图3-7　系统化包装设计实例（韩国海洋深层水 Deeps包装设计-STONE）

2. 等级包装策略

企业对不同档次、不同等级的产品，往往会采用不同等级的包装进行划分，让消费者很容易地辨认和购买到所需等级的产品，如图3-8所示。切记，包装的等级划分不能偏离企业的总体形象。等级包装策略能显示出产品各自的特点，也易于与系统化策略相辅相成，如图3-9所示。这样做从表面上看很可能会提高包装设计的成本，但实际上按等级销售时，其价格之间会做出相应的平衡，最后结果，会把分等级设计包装的成本弥补回来，总体核算会有赚无赔的。

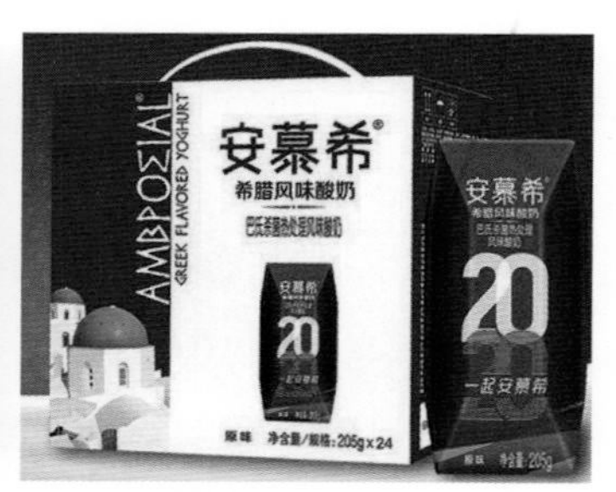

图3-8　等级包装设计实例（以包装形式来划分等级的乳酸菌饮品包装-伊利旗下奶品）

图3-9 等级包装设计实例（以包装形式来划分等级的纯牛奶包装-伊利旗下奶品）

3. 配套包装策略

配套包装策略是指按各消费群体的消费习惯，将数种有关联的产品配套组合在一起成套销售，方便消费者购买、携带和使用，如图3-10和图3-11所示。配套包装有时是指在产品或产品的小包装的外面加一个方便携带并可提高产品价值和审美功能的提袋或是箱包等。有时是指在同一个包装里盛放同一个企业生产的多种产品，比如饮料、糖果、书籍等。这样做一方面提高了产品的附加值，另一方面还可降低包装成本。配套包装策略要根据不同消费者的购物心理有针对性地进行设计，不能有过度包装的嫌疑。

图3-10 配套包装设计实例（生产厂家、品牌、作者不详）

图3-11　配套包装设计实例

注：榕晨包装T-PACK国色天香套装、法国波尔多巍都堡酒庄干红葡萄酒套装、私藏酒套装、天然莲子套装，其他生产厂家、品牌、作者不详。

3.2.2　与促销要素相适应的包装策略

1. 适度包装策略

在包装过程中使用适当的材料和适当的技术，制成与物品相适应的容器，最大限度地降低包装的生产工序和节省包装占用的材料，降低整体包装成本，既满足保护商品、方便储运、有利于销售、便于携带的要求，又符合国家对产品包装的相关要求，过度包装是我们一直反对的，如图3-12所示。

注：选用食品适合的材料进行包装，既能保证食品的安全，又可降低包装整体成本。

图3-12 俏味堂 南瓜子包装设计

2. 方便包装策略

随着现代社会生活节奏的加快，消费者在购物时希望方便挑选，便于携带，便捷使用等。针对这种消费需求，应该设计出更加适合现代购物需求的方便包装，如图3-13所示。例如，透明或者开窗式包装的食品可以方便购买者挑选；组合式包装可以满足购买者一次能够购买多种所需物品且方便携带；气压喷嘴式的洗发水方便使用；等等。包装的方便易用在满足了人们现代生活需求的同时也大大提高了产品的销量。

注：一个顶部连装提手的设计既方便了携带，又增加了商品的情趣感，并可起到一定的促销作用。

图3-13 方便包装设计实例（MILK MAN牛奶包装）

3. 差别包装策略

各企业都有自己独特的产品包装，在标识自己产品时都会想方设法把自己的产品与其他家的产品区别开来以显自己独特的形象。当然，也有故意靠近某品牌产品包装的行为，这显然是在“傍大牌”极具假冒的嫌疑，不可取。差别包装策略能使各自产品之间有较强的独立性和认知度，对树立各自的品牌形象大有益处。

差别包装的含义还有一个层面，就是本企业的产品为了区别种类、功能等而在包装设计上采取不同辨别标识的做法，比如，同一类别的产品在设计包装时用不同色调或不同造型区分出男用女用、区分出不同功能等，如图3-14所示。

注：同样是OLAY品牌的爽肤水产品，为了区分男用女用而做的差别包装设计。首先入目的OLAY品牌的标识字体就告诉你这是同一个品牌的产品，其他的无须多看只通过显眼的色调就会辨认出其产品使用对象的区别。

图3-14　差别包装设计实例（OLAY产品差别包装）

4. 复用包装策略

复用包装策略又叫多用途包装策略。根据目标使用者和其用途大致可以分为两类：一类是从企业或商家做回收再利用的角度讲，产品使用后其包装还可以再循环使用，如产品或商品的储运周转箱、啤酒瓶、饮料瓶等。这种复用包装可以大幅降低包装成本和节省资源，便于商品周转，有利于减少环境污染。另一类是从消费者的角度讲，商品拆封使用后，其包装还可以做其他用途，以达到变废为宝的目的，如瓷质的酒瓶还可以做装饰花瓶用；手枪、熊猫、小猴等造型的糖果包装还可以当玩具用；等等，而且包装上的企业标识还可以起到继续宣传的作用。所以要求在包装设计时，要用心地考虑到这一点，以确保再利用的最大实效，如图3-15所示。

注：该瓶型设计，生产者可回收再利用；消费者在用完产品之后可把这个精美的小瓶子另作他用。淮仁堂保健品系列。

图3-15　复用包装设计实例（曦芝品牌包装）

5. 随附赠品包装策略

随附赠品包装策略是指在产品的销售包装容器内加装一些附赠品，加装附赠品的形式有两种，一种是加装同类产品的小剂量包装商品或者是其他产品或商品；另一种是加大原有产品的包装容器增加内容物的剂量，并在包装体表面明显的位置标注“加量不加价”的字样。两种做法都是企业或商家的促销手段，是吸引消费者购买的一种策略，如图3-16所示。

注：NIVEA男士护肤品，买一个主品随赠一个其他功能的产品。

图3-16　随附赠品包装设计实例

6. 绿色包装策略

绿色包装策略有两种做法（如图3-17至图3-19所示），一种是采用无公害无污染的纯天然材料制作包装，比如，布袋包装、藤编包装、竹木包装等；再比如用纯粮食或天然植物为原料加工制作包装，包括包装糖果的糯米纸、制作粽子的芦苇叶等都是纯天然材料。另一种是利用废弃物为原料加工制作包装材料，这是当今倡导的绿色设计的具体行动，是后产业革命时期必须要做的事情，因为它能够解决产业革命带给人类的负面影响（机械化大批量生产所产生的垃圾已经对当今人类形成巨大威胁）。绿色包装策略是当今绿色行动的一部分，作为包装设计者应该无条件地去执行。

杜邦™ Tyvek®（特卫强，也称泰维克）是杜邦公司的科学家于20世纪50年代发明的一种高密度聚乙烯无纺布科技材料。2017年是特卫强商业化应用50周年，在过去的50年里，特卫强在不同的领域为客户提供了高效的包装与防护的解决方案，包括个人防护、医疗包装、建筑围护以及工业包装与印刷。而50年后的今天，特卫强作为消费品领域的“新材料”正在通过许多设计师的奇思妙想，变成了一个个充满新意的创作产品，充分展现着它的无限可能性。

7. 更新包装策略

更新包装策略是企业实力和自我保护意识的体现，这是大型企业不变的做法。更新包装有两个目的，一是标志着企业的实力，因为更新包装企业是要花钱的，没有实力的企业不好做到。二是企业有了名气品牌有了影响就会引发不良企业的效仿，也就是造假、傍名牌。因此，有实力的企业可实行更新包装策略以杜绝不良企业的仿造。当然，更新包装策略还有一个目的，就是为了迎合市场、满足消费者的购买需求而做的应急改变，如图3-20所示。

图3-17 绿色包装设计实例（1）

注：纸质、软木、棕、线绳、布袋制作的环保包装。

图3-18 绿色包装设计实例（2）

注：布袋与纸质材料制作的环保包装。

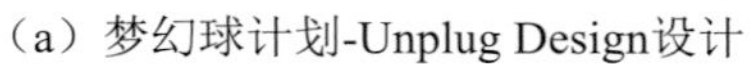

（a）梦幻球计划-Unplug Design设计　　（b）灯泡包装设计-Mongkol Praneenit设计

图3-19　绿色包装设计实例

图3-20　更新包装实例（欧莱雅男士化妆品包装新旧对比）

3.2.3　与销售地点要素相适应的包装策略

与销售地点要素相适应的包装策略是根据销售场合、地点不同，设计者因地制宜，采取悬挂式包装、堆叠式包装、展开式包装、开窗（透明）包装等不同形式的包装，灵活机动地展示宣传产品、从而促进商品的销售，如图3-21所示。

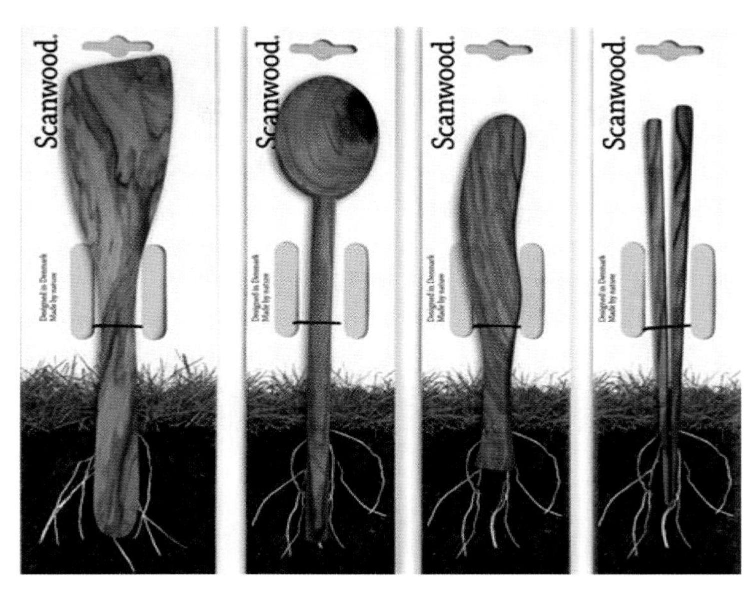

图3-21 与销售地点要素相适应的包装策略之悬挂式包装设计策略实例（Scanwood品牌木质餐具包装）

3.3 包装设计定位

包装设计的定位是根据产品的特点、营销目标及市场情况所制订的信息传播与形象表现的战略方案。通常设计策划部门整合制订出详尽的营销计划后，设计实施部门对其进行分析、归纳、筛选，拟定视觉表现上的切入点，强调重点，突出特色，并尽量多地从不同的视角来进行创意表现，最终确定最佳的设计方案。

3.3.1 品牌定位

品牌定位就是着重于产品品牌信息、品牌形象以及品牌传播、营销取向的设计定位。在包装设计上着重突出品牌的视觉形象，要向消费者明确地表明“我是谁”，是传统的老品牌，还是一个充满活力的新品牌。产品一旦成为知名品牌，就会给企业带来巨大的无形资产和影响力，给消费者品质的保障和消费的信心。品牌定位主要包括：公司品牌定位、产品品牌定位、公司标识定位、品牌标识定位、品牌系列定位和单体产品品牌定位等。品牌定位大多应用于品牌知名度较高或产品特点不是很明显的产品包装上。在设计处理中以突出品牌标志形象、品牌字体形象、品牌的图形与品牌的色彩为重心，处理多求单纯化与标记化，也可以对标志或品牌名称的含义加以形象化的辅助处理，如图3-22所示。

1. 突出品牌的标志形象

品牌的标志由于其简洁的形式、快捷的传达和便于记忆的特点，往往成为企业形象宣传和包装品牌传达的主要语言形式。如美能达系列产品包装上的标志形象、台湾味全食品系列等。

图3-22　品牌信息一目了然的包装设计实例（一品长白45度500毫升参酒包装设计-真象设计）

2. 突出品牌的字体形象

品牌的字体形象由于其可读性和不重复性成为突出品牌个性的主要表现手法之一，像可口可乐的品牌字体、麦当劳的“M”字母形象在包装中都构成了形象表现力的最主要部分。

3. 突出品牌的图形

品牌的图形包括宣传形象、卡通造型、辅助图形等，在包装设计中以发挥品牌图形的表现力为主，使消费者在印象中产生图形与产品本身的联想，有利于产品宣传的形象性和生动性的体现。比如3M公司的DIY系列产品的辅助纹样、日本麒麟啤酒包装上的麒麟形象等。

4. 突出品牌的色彩

在设计品牌时，通常会制定出几种固定的色彩组合，成为企业产品中的“形象色”，给消费者以强烈的视觉印象。如富士胶卷的绿色、柯达胶卷的中黄、可口可乐的大红等，都具备强烈的视觉吸引力。

3.3.2　产品定位

在包装设计中着力于产品信息的定位，明确告诉消费者“卖什么”，把包装设计形式与包装内容有机统一起来，使消费者迅速地通过包装对产品的类别、特点、用途、功效、档次等有直观的了解，一般用于富有某些特色的产品包装设计，如图3-23所示。

1. 产品特色定位

产品特色定位就是突出该产品与同类产品相比较之下显现出的明显个性，这种个性差别也就是产品本身的特色，它对目标消费群体具有直接有效的吸引力。

2. 产品功能定位

产品功能定位就是将该产品的独有功效和作用真实地展示给消费者，以吸引目标消费群体的注意。比如，具有提神功效的功能饮料、具有防晒功能的防晒霜、具有消炎止痛功效的伤湿止痛膏等。

注：整体设计上凸显产品信息，明确卖的是什么。

图3-23　LOW FAT MILK牛奶包装

3. 产品原料定位

产品原料定位就是以该产品的生产原料为切入点，明确定位其产品的品质特性，正确引导消费者对该产品的信赖。比如，百分百鲜果为原料的果汁、纯天然名贵药材为原料的中成药、304不锈钢为原料的餐饮器具等。

4. 产品产地定位

某些产品由于原料产地的不同而产生产品品质上的差异，因而突出产地就成了产品品质的定位。比如，山东产的阿胶、杭州产的真丝布料、宜兴产的紫砂壶等。

5. 传统特色定位

传统特色定位是在包装上突出对民族传统文化特色的表现，常体现在富有浓郁地方传统特色的产品包装上。在具体表现上还应注意传统特色与现代消费心理和营销手段相结合。比如，天津的清真食品、云南苗族的银饰品、我国各少数民族的服饰产品等。

6. 产品的特殊性定位

同一种产品在不同的场合和不同的时间使用，都会有不同的要求，比如旅游食品（压缩饼干、午餐肉等）、特殊护肤品（美白、防晒等）、大型庆典用品（鲜花篮、专用纪念品等）等，但这种定位有时间和地域上的限制。

7. 产品档次定位

每类产品都有不同的档次，根据产品营销策略，在包装设计上应准确地体现出产品的档次，做到表里如一，有针对性地吸引目标消费者。比如，面粉分为家庭装、富强粉、精粉等；书籍分为简装、精装、套装等。

3.3.3 消费群体定位

消费群体定位是在包装设计中着力于突出消费对象的定位表现，在充分了解目标消费群体的喜好和消费特点的基础上，定位该产品是“卖给谁”的，这样设计才能体现出产品的针对性和精准的销售方向，对于消费者来说更容易产生亲和力。主要应用于具有特定消费者的产品包装设计上，往往采用具有代表性的形象加以典型性的表现。

1. 特定消费者定位

许多产品都有其特定的消费群体，不同的消费群体有着不同的消费特点，他们的年龄、性别、职业、收入、民族、爱好等往往是设计定位的依据和参照点。

2. 地域区别定位

根据消费地域的差别，如城市与农村、内地与少数民族地区、不同的国家和种族等，结合他们的风俗习惯、民族特点和喜好，进行有针对性的设计。

3. 心理特点定位

具有不同文化背景的消费者有着不同的生活方式，这直接导致了消费心理与观念的不同。比如审美标准的差别，对待时尚文化的态度和特殊的偏好等，在包装设计中都应予以足够的重视和体现。

4. 生理特点定位

在整个消费群体中往往会存在特殊需求的消费群体，这种特殊的消费群体有时是肢体障碍群体，有时是视力障碍群体，有时是听力障碍群体，等等。因此，在包装设计时一定要照顾到这些特殊消费群体的生理特点，制作适合他们的包装供他们使用，比如在包装上印有盲文等。

根据产品和市场的具体情况，还可以有其他的定位策略。不同的设计定位往往会在一件包装设计中得到综合的体现，比如品牌定位与产品定位、品牌定位与消费者定位等的整合，这类定位在处理上，应该注意它们之间的主次关系，注意突出一定的重心，有主有辅、相互补充，这样在消费者心目中产生的印象才会鲜明深刻。反之，特点表现多了，信息与形象就会相互削弱，消费者会感到茫然无措，反而感受不到产品的特点。

包装设计是按照程序一步一步完成的，每一步由一个设计师或者一个团队来完成，在设计过程中设计者要考虑到各个方面的因素，首先是对于所服务项目的企业或品牌进行的前期调查结果；其次是适合的包装设计策略；再次是确定包装设计的定位；最后开始进行展开设计。

1. 包装设计的程序是怎样的？
2. 如何确定包装设计的定位？

认真阅读本章内容，并把第一章和第二章的核心内容融入其中。按照草拟的《×××品牌×××产品包装设计手册》或《×××品牌×××产品系列包装设计手册》分项进行展开设计。

展开设计的程序：草图（不计其数，满意为止）——确定图（可以是黑白图）——效果图或模型（可手绘效果图、可计算机辅助绘制效果图；如果是玻璃、陶瓷、竹木、金属等材质的容器，可制作模型或代用材样品等）——制作图（可生产、制作包装实物的图纸）——实物（有条件的投入生产最好，暂时没条件投入生产的可手工或其他方式制作实物、模型和样品）。

第4章 包装设计中的视觉传达设计

扫码收听本章音频讲解

本章的学习要点是深入了解包装设计中视觉传达部分各要素的基本知识。并通过掌握这些知识更好地完成包装设计项目。

肯德基汉堡包装

案例分析：如图4-1所示，这组肯德基汉堡包装，依然采用的是原有的结构——肯德基特有的标志性图形和汉堡的照片作为主体图形，并配以简洁的文字和明快的颜色进行装饰，符合包装设计中视觉传达各要素的要求，吸引购买者的视线，能够在一定程度上提高销量。

图4-1 肯德基汉堡包装

4.1 文字形象设计要素

4.1.1 文字设计要素的功能和组成

1. 体现品牌形象的文字

体现品牌形象的文字设计是包装设计当中的文字设计的重中之重，它是包装的聚焦点，它的出现将代表着这个品牌的形象，故此当倾力去做。以可口可乐品牌为例，英文的可口可乐字体彩带般的飘逸形象深入人心，任人见之无不相识，不曾识字的童叟也不例外。究其原因，不难看出设计者的用心之处在于“简”之行事才有如此结果。简单地回顾一下“可口可乐”的由来便知奥妙：1886年5月8日来自美国乔治州亚特兰大的约翰·彭伯顿医生把碳酸水和苏打水搅在一起制成一款深色的糖浆，奇妙的是这款糖浆具有提神、镇静的作用还可以减轻头痛。因此人们拿它当饮料喝并把它称作可口可乐。起初，可口可乐只在药店出售，一瓶售价5美分，平均每天销售9瓶。

随着人们的不断认可，不久，“可口可乐公司”成立了，其公司里有一位多才多艺的会计师名叫弗兰克·罗宾逊，糖浆的两种成分激发出为其命名的灵感。这两种成分就是古柯

（Coca）的叶子和可乐果Kola的果实。罗宾逊为了整齐划一便将Kola的K改为C，然后在两个字的中间加上一短横线，并用斯宾塞体书写了这个著名的品牌标识（见图4-2）。

早在1927年可口可乐就进入中国市场，新中国成立之后一度退出中国市场。1978年，可口可乐公司与中粮集团达成合作，可口可乐再次进入中国市场。从此，可口可乐便成了中国人的时尚消费品。大红背景上的中文字体“可口可乐”也透着英文字体“可口可乐”的飘逸印入中国人的脑海（见图4-3）。

图4-2 可口可乐的品牌标识（英文）

图4-3 可口可乐的品牌标识（中文）

据此我们便知，体现品牌形象的文字应访介什么样的了。

2. 进行广告宣传的文字

进行广告宣传的文字是包装上带有推销或劝诫意味的文字，诸如，“牙好胃口就好，吃嘛嘛香”“持久定型，百变造型”“老店品质，金字招牌，精细研磨，方正料足”“吸烟有害健康”等等，这类文字一般是放在包装的显而易见的位置上，但不要充斥品牌形象文字。应做到言简意赅，具有号召力或劝诫作用。无论是字的大小、字体的选择、色调的确定都应为品牌形象的突出做助力。

3. 必要功能性说明文字

必要功能性说明文字是包装上必须具有的内容，包括产品的配料、功能介绍、使用说明、产地、联系方式、生产日期或限期使用日期、条形码、二维码等，都会在包装的各区域体现如图4-4所示。

图4-4 包装中的必要性说明文字（黔江十宝产品包装正面-kissmiya）

4.1.2 文字字体的设计应用

包装字体设计应遵循的原则是：可读性、寓意性、统筹性、独创性、艺术性。

1. 可读性

文字的可读性即看得清、看得懂、朗朗上口、记忆深刻。

2. 寓意性

文字的寓意性即所用文字要与欲表达的内容相融汇产生一种富有联想、富有哲理的语义，使人更深刻地理解文字的含义。

3. 统筹性

文字的统筹性即在限定的包装尺幅面上合理地分配各种内容文字的所在位置和所占尺幅。

4. 独创性

文字的独创性即所设计的文字要区别于同类产品，努力做到个性鲜明，形象突出，舍我其谁。

5. 艺术性

文字的艺术性即所设计的文字不是视觉平平的媚俗形象，是具有视觉冲击力和强烈感染力的独特审美形象，如图4-5所示。

图4-5　文字字体的设计应用实例（Brabante酒包装 生产厂家、作者不详）

4.1.3　包装文字内容安排应注意的事项

希腊商业部规定，凡进口到希腊的外国商品包装上的字样，除法定例外者，均要以希腊文书写清楚。否则将追诉处罚代理商、进口商或制造商。包装上书写项目包括：代理商或公司名称，进口商或制造商全名（无论几家都要逐一写明），上述商号公司营业地址与城市名称，制造国家名称，货品的内容和种类，货品净重量或液体货品毛重量。

加拿大政府规定，进口商品包装上必须同时使用英、法两种文字。

销往中国香港地区的食品标签，必须用中文，但食品名称及成分，须同时用英文注明。

销往法国的产品的装箱单及商业发票须用法文。包装标志说明，不以法文书写的应附法文译注。

销往阿拉伯地区的食品、饮料，必须用阿拉伯文字说明。

销往巴西的食品，要附葡萄牙文译文。

有的国家数字上的禁忌也是包装设计所要注意的问题，如日本忌讳“4”和“9”这两个数字，因此，出口日本的商品，就不能以“4”为包装单位，比如4个杯子一套，4瓶酒一箱，这类包装，在日本都将不受欢迎；欧美人忌讳“13”。

4.2 图形设计要素

4.2.1 图形设计要素的分类

1. 具象图形

具象图形，即在包装上采用如下形象做主体进行包装设计。

（1）摄影图片，如图4-6、图4-7所示。

图4-6 摄影图片应用实例（黔福地土鸡蛋包装等 生产厂家、作者不详）

图4-7 摄影图片应用实例（车视宝包装 生产厂家、作者不详）

（2）写实绘画图形，如图4-8所示。

图4-8　写实绘画图形应用实例（Best Design手提袋、解9茶 生产厂家、作者不详）

（3）归纳简化图形，如图4-9所示。

图4-9　归纳简化图形应用实例（百益康金装牛初乳复合粉、萧氏茶粽包装 作者不详）

（4）夸张变化图形，如图4-10所示。

图4-10　夸张变化图形应用实例（完达山牛初乳粉、小葵花牛初乳咀嚼片、倍俪欣牛初乳蛋白质粉包装等 作者不详）

2. 主体图形

主体图形运用即在包装上采用如下形象做主体进行包装的图案设计。

（1）产品实物形象，如图4-11所示。

图4-11　产品实物形象应用实例（Life火龙果、土鸡蛋、纸皮核桃、新疆红枣包装 作者不详）

（2）原材料形象，如图4-12所示。

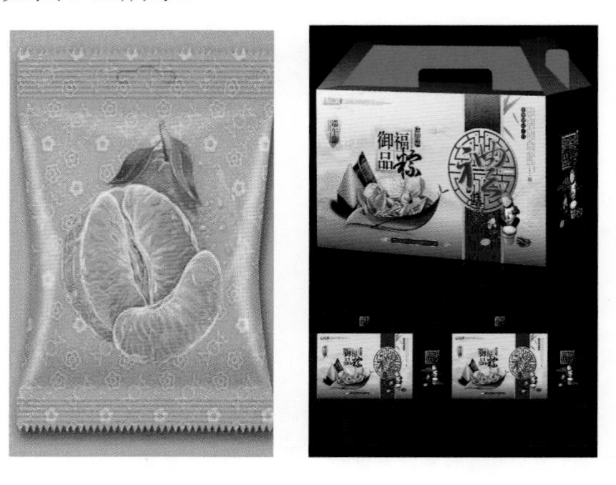

图4-12　原材料形象应用实例（桔产品、糯米产品包装 作者不详）

（3）产品产地形象，如图4-13所示。

图4-13　产品产地形象应用实例（三有食品商行期养草鸡蛋包装 作者不详）

（4）产品成品形象，如图4-14所示。

图4-14　产品成品形象应用实例（诱人食欲的咸鸭蛋包装 作者不详）

（5）象征形象，如图4-15所示。

图4-15　象征形象应用实例（面膜包装 作者、品牌不详）

（6）产品用途示意形象，如图4-16所示。

图4-16　产品用途示意形象应用实例（LACIE读卡器、iZENSSO半自动咖啡机 作者不详）

3. 纹样图案装饰

纹样图案装饰即在包装上采用如下形象做主体进行包装图案设计。

（1）原材料纹样，如图4-17所示。

图4-17　原材料纹样应用实例（蜂蜜包装 作者不详）

（2）花卉纹样，如图4-18所示。

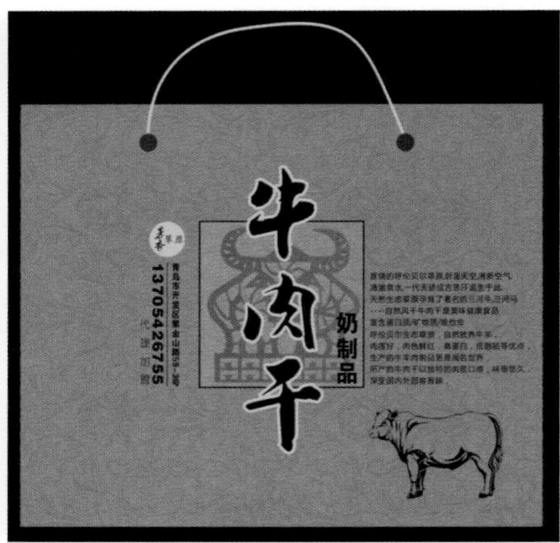

图4-18　花卉纹样应用实例（稻香米主图包装、牛肉干包装 作者、品牌不详）

（3）文字变形纹样，如图4-19所示。

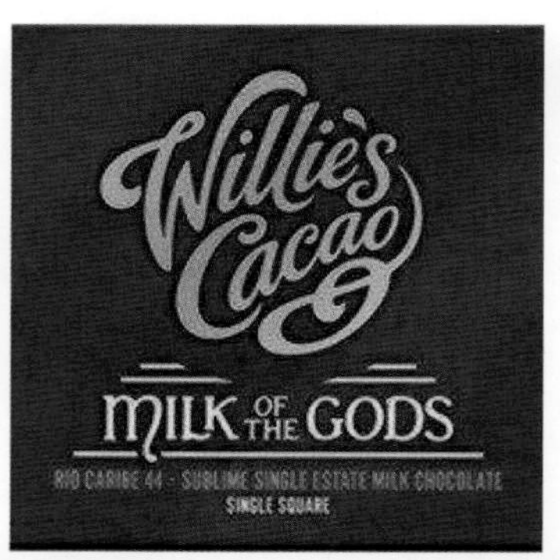

图4-19　文字变形纹样应用实例（生产厂家、品牌、作者不详）

图4-19 文字变形纹样应用实例（生产厂家、品牌、作者不详）（续）

4. 装饰概括图形

装饰概括图形是人类对自然形态或物体进行主观性的概括描绘，强调平面化、简洁化，非常注重韵律感和装饰性，如图4-20所示。我国几千年前的彩陶纹样就是装饰图形的典范，彩陶纹样大多是对自然形态的模仿，但古人不是一味地追求写实，而是以强烈的主观创造性来强调事物的主要形态特征，对形态进行归纳、简化、夸张，并运用重复、对比、穿插、叠嶂等造型形式规律，创作出精美的图案。

图4-20 装饰概括图形包装设计实例（greentea绿茶包装等 作者不详）

4.2.2 图形设计的注意事项

在包装设计中进行图形设计时应注意如下4点：

① 注意准确传达信息；
② 注意体现视觉感受；
③ 注意图形的局限性和适应性；
④ 注意图形与文字的和谐统一。

4.3 色彩元素

4.3.1 色彩的概念

1. 色彩的分类

1）原色

原色即最原始的颜色，换句话说就是不能通过其他颜色调和出来的颜色。原色只有三种：红、黄、蓝。

2）间色

间色即由两种原色相加得出的颜色。间色也只有三种：红+黄=橙、红+蓝=紫、黄+蓝=绿。

3）复色

复色亦称次色，即由两个间色或三个原色相加得出来的颜色。

4）补色

补色亦称对比色即任意两个原色相加与另一个原色作比较：红+黄=橙，橙色和第三个原色蓝色作比较就形成了第一组补色，橙与蓝；红+蓝=紫，紫色和第二个原色黄色作比较就形成了第二组补色，紫与黄；黄+蓝=绿，绿色和第一个原色红色作比较就形成了第三组补色，绿与红。

5）极度色

极度色亦称极色即不能用任何颜色相加得出来的颜色。极度色有四种：金、银、黑、白。

2. 色彩的三要素

1）色相

色相即色彩的相貌或者说色彩长什么样，比较专业一点讲，就是能够比较确切地表示某种颜色色别的名称。如是红色的，蓝色的或者绿色的，等等，如图4-21所示。

2）纯度

纯度即色彩的纯净程度，它表示色彩中所含有色成分的比例。含有色成分的比例越大，则色彩的纯度越高，反之亦反。当一种颜色掺入白色时，它的纯度则被破坏或者说它的纯度被降低；当一种颜色掺入黑色时，它的纯度则被提高。

3）明度

明度即色彩的明亮程度。

图4-21　包装设计中颜色元素体现实例（DZCY油漆肌理质感包装设计-Harith浩先森）

3. 色彩的视觉心理

1）色彩的冷与暖

色彩的冷与暖是一种感觉，通俗地讲，给人寒冷感觉的颜色是冷色。比如，接近蓝天、海水这类的颜色就是冷色。

2）色彩的轻与重

色彩的轻与重同样也是一种感觉，物体表面因其色彩的不同，看上去会有轻重不同的感觉，这种与实际重量不相符的视觉感受，称之为色彩的轻重感。色彩的轻重感主要取决于明度上的对比，明度高的亮色感觉轻，明度低的暗色感觉重。其次，色彩的冷暖也会对重量感有一定的影响，冷色的感觉会轻一些，暖色的感觉会重一些。另外，物体表面的质感效果对轻重感也有较大的影响。

3）色彩的远与近

色彩确实有距离感，通常讲，冷色会感觉远一些，暖色会感觉近一些。

4）色彩的胀与缩

简单地讲，波长长的颜色有膨胀感，波长短的颜色有收缩感。比如，红色、橙色属波长长的颜色，因此它们是膨胀色；蓝色、紫色属波长短的颜色，因此它们是收缩色。

5）色彩的味觉感

色彩的味觉感实际上是人们对生活经验的再现，这和年龄、性别、民族、职业、地域等有很大的关系。一般情况下，人们看到翠绿的颜色、亮黄的颜色会有酸味的反应，因为未成熟的杏子和柠檬果是酸的；看到橙色、紫红色、粉红色、黄褐色会有香甜味的反应，因为橘子、车厘子、红苹果、糕饼是香甜的；等等。对食物而言的“色、香、味”中，色彩是排在第一位的，可见色彩对食欲的影响有多大。

6）色彩的华贵与质朴感

色彩的明度、纯度对华丽与质朴感都有影响，其中纯度关系最大。纯度高同时明度也高的颜色丰富、强对比，故感觉华丽、辉煌。纯度低同时明度也低的颜色单纯、弱对比，故感觉质朴、古雅。但无论何种颜色一旦带上光泽，都能获得华丽的效果，如图4-22所示。

图4-22　包装设计中颜色元素的体现

4.3.2　色彩在包装设计中的运用

1. 包装装潢的色彩设计要与商品的属性配合

商品包装装潢的色彩设计应该使顾客能联想出商品的特点、性能。包装的色彩应当是被包装的商品内容、特征、用途的形象化反映。也就是说，不论什么颜色，都应以配合商品的内容为准。

2. 色彩的设计应用原则

结合“4.3.1节色彩的概念”中所讲的内容在包装设计中应把握好以下事项。

合理安排“图案的颜色”与“底色”的关系；“整体统一”与“局部活跃”的用色；依据所包装产品的属性用色；依据企业形象和营销策略用色；依据产品销售市场和地域特征用色，如图4-23所示。

图4-23　色彩在包装设计中的运用实例（马卡龙色彩面膜系列包装-含宗）

包装设计中的视觉传达设计部分，是整个包装设计的重要组成部分，是包装给购买者最直观的部分，设计者需要熟练地掌握各要素之间的关系和组合方式，再配以恰到好处的排版，才能形成一个完整的包装设计。

1. 包装设计中视觉传达设计各要素都有哪些?
2. 如何选择适合的排版方式?

认真阅读本章内容，与前三章内容逻辑衔接，并运用到展开设计中。本阶段应产出的大作业素材：按照展开设计流程逐项进行更加深入的草拟设计。

第5章 包装材料

扫码收听本章音频讲解

学习要点及目标

本章的学习要点是深入了解包装设计中各种材料的属性和使用要求，并通过掌握这些知识，在确定包装设计方案时选择恰当的材料来呈现最终的使用效果和审美效果。

引导案例

青岛啤酒产品包装设计

如图5-1所示，采用啤酒包装常选用的玻璃材质作为青岛啤酒容器的材料，配以明显的说明性文字和经典的LOGO，使购买者可以一眼就认出青岛啤酒这个产品。

图5-1　玻璃包装材料所制器物实例（青岛啤酒玻璃瓶装）

5.1　包装材料分类

5.1.1　纸质材料

1. 蜂窝纸

蜂窝纸是根据自然界蜂巢结构制作的，它是把瓦楞原纸用胶黏结方法连接成无数个空心立体正六边形，形成一个整体的受力件——纸芯，如图5-2所示。

2. 纸袋纸

纸袋纸（伸性纸）类似于牛皮纸，大多以针叶木硫酸盐纸浆来生产，国内也有掺用部分竹浆、棉秆浆、破布浆生产的，因此纸袋纸机械强度很高，一般用来制作水泥、农药、化肥及其他工业品的包装袋。为适合灌装时的要求，纸袋纸要求有一定的透气性和较大的伸长率（伸性纸），如图5-3所示。

图5-2　蜂窝纸实例（生产厂家、品牌、作者不详）

图5-3　纸袋纸实例（生产厂家、品牌、作者不详）

3. 蜂窝纸板

蜂窝纸板是根据自然界蜂巢结构制作的，它是把瓦楞原纸用胶粘接方法连接成无数个空心立体正六边形，形成一个整体的受力件——纸芯，并在其两面黏合面纸而成的一种具有夹层结构的环保节能材料，如图5-4所示。

图5-4　蜂窝纸板实例（生产厂家、品牌、作者不详）

蜂窝纸板以质轻、价廉、强度高、可回收等特性深受市场欢迎，特别是荷兰、美国、日本等发达国家和地区，已成为具有节省资源、保护环境的一种新型绿色包装。蜂窝纸板包装箱是中国出口商品的理想包装。它的推广应用，一方面可降低商品在流通过程中的破损率；另一方面，取代木箱，利于环保。

4. 牛皮纸

牛皮纸可以用作包装材料，强度很高，通常呈黄褐色，半漂或全漂的牛皮纸浆呈淡褐色、奶油色或白色。抗撕裂强度和动态强度很高，多为卷筒纸，也有平板纸。采用硫酸盐针叶木浆为原料，经打浆，在长网造纸机上抄造而成。可用作水泥袋纸、信封纸、胶封纸装、沥青纸、电缆防护纸、绝缘纸等，如图5-5所示。

图5-5 牛皮纸实例（生产厂家、品牌、作者不详）

5. 鸡皮纸

鸡皮纸是一种单面光的平板薄型包装纸，不如牛皮纸强韧，故称“鸡皮纸”。鸡皮纸纸质坚韧，有较高的耐破度、耐折度和耐水性，有良好的光泽。可供食品、日用百货等包装，也可印刷商标，如图5-6所示。

图5-6 鸡皮纸实例（生产厂家、品牌、作者不详）

6. 白板纸

白板纸是一种正面呈白色且光滑，背面多为灰色的纸板，这种板纸主要用于单面彩色印刷后制成纸盒供包装使用，抑或者用于设计、手工制品，如图5-7所示。

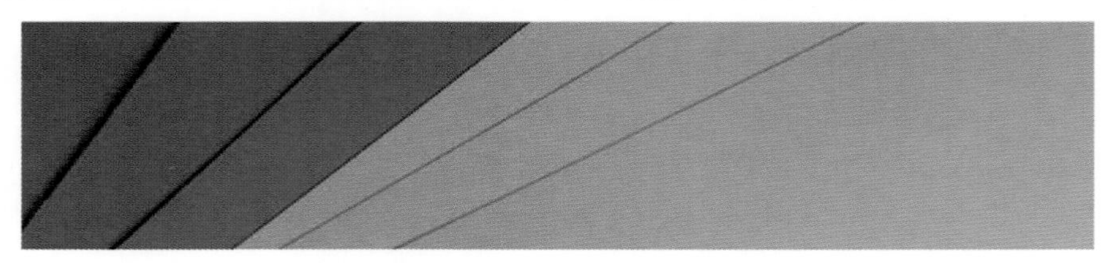

图5-7 白板纸实例（生产厂家、品牌、作者不详）

7. 白纸板

白纸板是一种具有2、3层结构的白色挂面纸板，是一种比较高级的包装用纸板，主要用于销售包装。

经彩色印刷后制成各种各类的纸盒、箱，起着保护商品、装潢美化商品的促销作用，也可以用于制作吊牌、衬版和吸塑包装的底版。白纸板又名马尼拉纸，白纸板用于印制儿童教育图片和文具用品、化妆品、药品的包装。定量为200g/m^{2}至400g/m^2。薄厚一致，不起毛、不掉粉、有韧性、折叠时不易断裂，如图5-8所示。

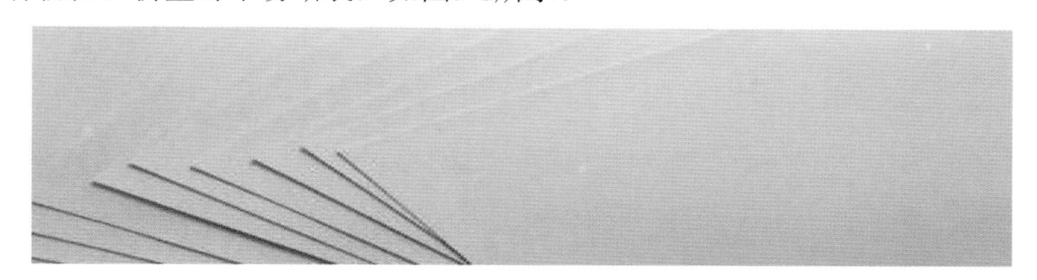

图5-8 白纸板实例（生产厂家、品牌、作者不详）

8. 玻璃纸

玻璃纸是一种以棉浆、木浆等天然纤维为原料，用胶粘接法制成的薄膜。它透明、无毒无味。因为空气、油、细菌和水都不易透过玻璃纸，使得其可作为食品包装使用，如图5-9所示。

图5-8 玻璃纸实例（生产厂家、品牌、作者不详）

5.1.2 塑料材料

1. PP材料

聚丙烯可缩写为PP，是一种无色、无臭、无毒、半透明固体物质，如图5-10所示。聚丙烯是一种性能优良的热塑性合成树脂，为无色半透明的热塑性轻质通用塑料。具有耐化学性、耐热性、电绝缘性、高强度机械性能和良好的高耐磨加工性能等，这使得聚丙烯自问世以来，便迅速在机械、汽车、电子电器、建筑、纺织、包装、农林渔业和食品工业等众多领域得到广泛的开发应用。

图5-10　PP材料实例（生产厂家、品牌、作者不详）

2. OPP材料

定向聚丙烯（薄膜）可缩写为OPP，是聚丙烯的一种，另外还有双向聚丙烯（BOPP），材料实例如图5-11所示。

图5-11　OPP材料实例（生产厂家、品牌、作者不详）

3. PE材料

聚乙烯（polyethylene，可缩写为PE）是乙烯经聚合制得的一种热塑性树脂。在工业上，也包括乙烯与少量α-烯烃的共聚物，如图5-12所示。聚乙烯无臭、无毒，手感似蜡，具有优良的耐低温性能（最低使用温度可达-100℃~-70℃），化学稳定性好，能耐大多数酸碱的侵蚀（不耐具有氧化性质的酸）。常温下不溶于一般溶剂，吸水性小，电绝缘性优良。可以采用注塑、挤塑、吹塑等加工方法。主要用作农膜、工业用包装膜、药品与食品包装薄膜、机械零件、日用品、建筑材料、电线、电缆绝缘、涂层和合成纸等。

4. CPP材料

流延聚丙烯薄膜cast polypropylene（CPP），即CPP薄膜，也称未拉伸聚丙烯薄膜，按用途不同可分为通用CPP（General CPP，简称GCPP）薄膜、镀铝级CPP（Metalize CPP，简称MCPP）薄膜和蒸煮级CPP（Retort CPP，简称RCPP）薄膜等，如图5-13所示。

图5-12　PE材料实例（生产厂家、品牌、作者不详）

图5-13　CPP材料实例（生产厂家、品牌、作者不详）

CPP薄膜经过印刷、制袋，适用于以下场景。①复合膜可用作服装、针织品和花卉包装袋；文件和相册薄膜；食品包装。②镀铝膜是指阻隔包装和装饰的金属化薄膜。真空镀铝后，可与BOPP、BOPA等基材复合用于茶叶、油炸香脆食品、饼干等的高档包装。③蒸煮级CPP薄膜耐热性优良。由于这种CPP软化点大约为140℃，该类薄膜可应用于热灌装、蒸煮袋、无菌包装等领域。加上耐酸、耐碱、耐油脂性能优良，使之成为面包产品包装或层压材料等领域的首选材料。其与食品接触性安全，演示性能优良，不会影响内装食品的风味，并可选择不同品级的树脂以获得所需的特性。④功能膜（也称特种膜）的潜在用途还包括：食品外包装，糖果外包装。⑤扭结膜可用于药品包装（输液袋），在相册、文件夹和文件等领域可代替PVC、合成纸、不干胶带、名片夹、圆环文件夹等。

CPP薄膜新的应用市场，如DVD和音像盒包装、面包糕点包装、蔬菜水果防雾薄膜和鲜花包装，以及用于标签的合成纸。

5. 热收缩膜

热收缩膜用于各种产品的销售和运输的包装，其主要作用是稳固、遮盖和保护产品，如图5-14所示。收缩膜必须具有较高的耐穿刺性，良好的收缩性和一定的收缩应力。在收缩过程中，薄膜不能产生孔洞。由于收缩膜经常使用于室外，因此需要加入UV抗紫外线剂。

图5-14　热收缩膜实例（生产厂家、品牌、作者不详）

5.1.3　金属材料

1. 马口铁

马口铁又名镀锡铁，是电镀锡薄钢板的俗称，英文缩写为SPTE，是指两面镀有商业纯锡的冷轧低碳薄钢板或钢带，如图5-15所示。锡主要起防止腐蚀与生锈的作用。它将钢的强度和成型性与锡的耐蚀性、锡焊性和美观的外表结合于一种材料之中，具有耐腐蚀、无毒、强度高、延展性好的特性。

图5-15　马口铁材料实例（生产厂家、品牌、作者不详）

这种镀层钢板在中国很长时间称为“马口铁”，有人认为由于当时制造罐头包装用的镀锡薄板是从澳门（英文名Macao可读作马口）进口的，所以叫“马口铁”。也有其他说法，如中国过去用这种镀锡薄板制造煤油灯的灯头，形如马口，所以叫“马口铁”。“马口铁”这个名称不确切，因此，1973年召开中国镀锡薄板会议时已正名为镀锡薄板，自此正式文件不再使用“马口铁”这个名称。

马口铁的应用非常广泛，从作为食品及饮料的包装材料到油脂罐、化学品罐以及其他的杂罐，马口铁的优良性能为内容物在物理及化学性质上提供了很好的保障。

2. PTP铝箔

PTP铝箔是一种用于药品包装的铝箔，形成于20世纪30年代的欧洲，如图5-16所示。

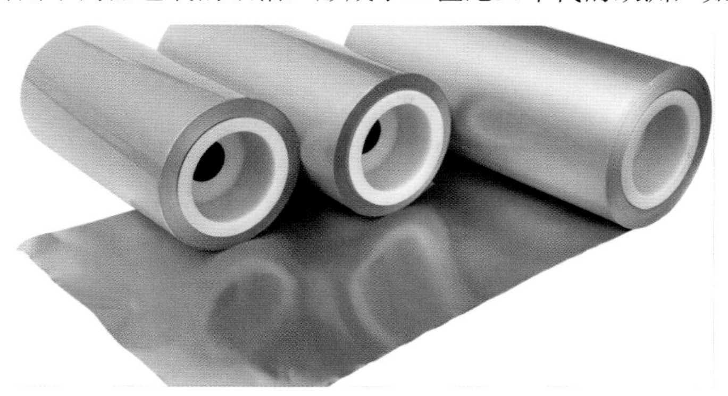

图5-16 PTP铝箔材料实例（生产厂家、品牌、作者不详）

5.1.4 玻璃材料

玻璃材料包装一直以来是人们信赖的包装，也是高档、华丽商品的象征，如图5-17所示。现在我们在市场购物只要看到玻璃包装，无论是饮料还是调料第一反应：这肯定是有档次的产品。原因是，在铺天盖地的塑料包装充斥市场的今天，人们更加认识到玻璃包装的珍贵。单拿环保指标这一项来说，至今为止还没有任何材料能够跟玻璃材料相比。但是由于造价、生产工艺比较复杂等原因，很多企业和商家都选择了塑料材料做包装，至于塑料包装的缺陷好像被遗忘了。

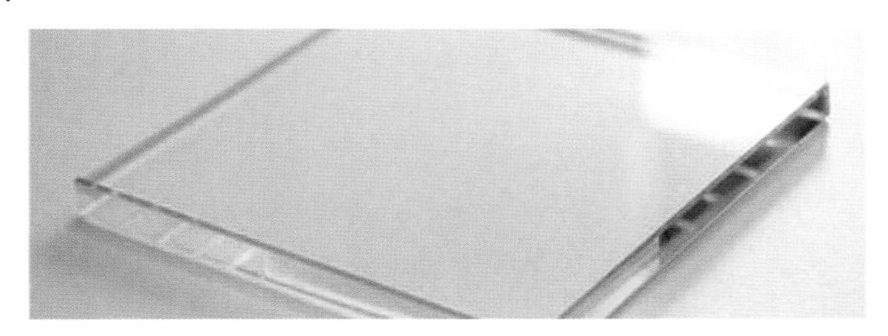

图5-17 玻璃材料实例（生产厂家、品牌、作者不详）

玻璃材料包装的优点有以下几点：

（1）玻璃材料包装可算得上是名副其实的绿色环保包装，同时它还具有良好的阻隔性能，可以很好地阻止氧气等气体对其内装物的侵袭，也可以阻止内装物的可挥发性成分向大气中挥发。

（2）玻璃材料包装可以反复多次使用，可以降低包装成本。

（3）玻璃材料包装能够较容易地进行内装物颜色和透明度的辨认。

（4）玻璃材料包装安全卫生、有良好的耐腐蚀能力和耐酸蚀能力，适合进行酸性物质的包装。

（5）由于玻璃材料包装适合自动灌装生产线的生产，国内的玻璃瓶自动灌装技术和设备发展也较成熟，采用玻璃瓶包装果蔬汁饮料在国内有一定的生产优势。

5.1.5 陶瓷材料

陶瓷包装容器是陶器包装和瓷器包装的总称。陶瓷的传统概念是指所有以黏土等无机非金属矿物为原料生产的人工工业产品。它包括由黏土或含有黏土的混合物经混炼、成型、煅烧而制成的各种制品，如图5-18所示。

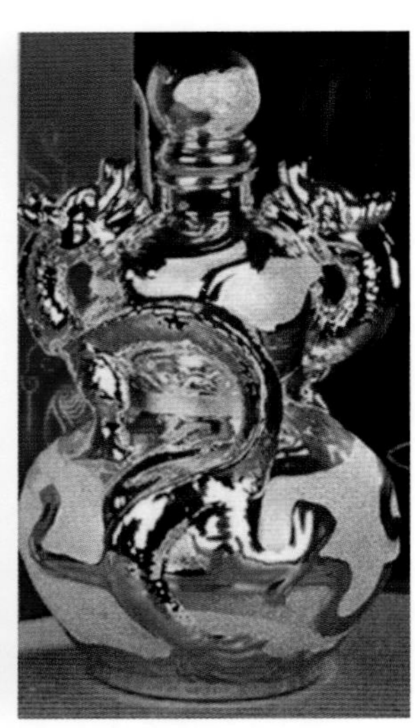

图5-18 陶瓷材料实例（生产厂家、品牌、作者不详）

5.1.6 竹木材料

1. 木质材料

木质材料在建筑、家具、包装、铁路修建等领域发挥着巨大的作用，如图5-19所示。在不可再生资源日益枯竭、人类社会正在走向可持续发展的今天，木材以其特有的姿态和可再生、可自然降解、绿色环保、美观、便于加工制作等天然属性，赢得人们的青睐。在包装设计与制作领域，高档包装和重型包装从来都没有舍弃过木材，因为它确实无可替代。

图5-19 木质材料实例（生产厂家、品牌、作者不详）

2. 竹质材料

竹质材料是指竹类木质化茎秆部分，如图5-20所示，有时泛指竹的茎、枝和地下茎的木质化部分。在包装中也广泛应用。它的特点是，光滑、坚硬、韧性好、肌理清晰。

图5-20　竹质材料实例（生产厂家、品牌、作者不详）

3. 胶合板

胶合板是由木段旋切成单板或由木方刨切成薄木，再用胶粘剂胶合而成的三层或多层的板状材料，通常用奇数层单板，并使相邻层单板的纤维方向互相垂直胶合而成，如图5-21所示。

图5-21　胶合板实例（生产厂家、品牌、作者不详）

5.1.7　复合类软材料

1. 镀铝膜

镀铝膜是采用特殊工艺在塑料薄膜表面镀上一层极薄的金属铝而形成的一种复合软包装材料，其中最常用的加工方法当数真空镀铝法，就是在高真空状态下通过高温将金属铝融化蒸发，使铝的蒸汽沉淀堆积到塑料薄膜表面上，从而使塑料薄膜表面具有金属光泽，如图5-22所示。由于它既具有塑料薄膜的特性，又具有金属的质感，是一种廉价美观、性能优良、实用性强的包装材料。

图5-22　镀铝膜实例（生产厂家、品牌、作者不详）

2. 真空镀铝纸

真空镀铝纸是20世纪80年代以来国际上广泛用于包装行业的新型绿色包装材料，如图5-23所示。它以表面金属质感强、色彩亮丽、印品高贵典雅，深受商家和包装业的青睐，随着商品经济的不断发展，真空镀铝纸将越来越广泛地用于啤酒、香烟、电子产品、化妆品以及其他食品商标、标签的印刷。

图5-23　真空镀铝纸实例（生产厂家、品牌、作者不详）

3. 复合纸

用黏合剂将纸、纸板与其他塑料、铝箔、布等粘合起来，得到复合加工纸，如图5-24所示。复合加工纸不仅能改善纸和纸板的外观性能和强度，还能提高防水、防潮、耐油、气密保香等性能，同时还会获得理想的热封性、阻光性、耐热性等。中性复合包装纸，广泛用于窄条带剪切板短期防护包装。

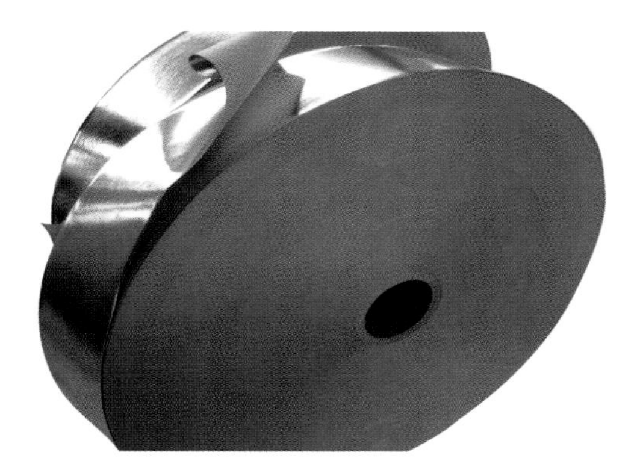

图5-24 复合纸实例（生产厂家、品牌、作者不详）

5.1.8 其他材料或辅料

1. 烫金材料

烫金膜又称电化铝（电化铝的叫法在印刷行业用得更多），是一种在薄膜片基上经涂料和真空蒸镀复加一层金属箔而制成的烫印材料，如图5-25所示。电化铝箔是在薄膜片上涂布脱离层、色层、经真空镀铝再涂布胶层，最后通过成品复卷而制成的。国产电化铝箔一般为4~5层。

图5-25 烫金材料实例（生产厂家、品牌、作者不详）

一般主要是有机硅树脂等涂布而成。电化铝箔中的第二层脱离层主要成分是有机硅树脂，它的作用是在烫印后，不管是在加热或是加压前，它都会使色料、铝、胶层，能迅速脱离薄膜而被转移黏结在被烫印物体的表面上，这说明在电化铝合成成分当中具有一种脱离层，而在脱离层中含有一种化学物质称为有机硅树脂，它的作用是帮助被转移物很好的转移。我们做好的成品烫金材料，是为了把华丽的金银色烫印到各种各样的预先设计好了的图案或文字上，使之收到想要达到的效果。基膜层的成分是聚酯薄膜，它具有强度大、耐高温、抗拉等性能，作用是为了在烫印的过程中防止拉伸变形，使烫印图形完好无缺，也不会因为高温而发生丝毫的变化。脱离层具有较好的脱离性能，不会使烫印后的图文模糊不清、露底发花，影响烫印效果。

2. 粘合剂、印刷油墨

黏合剂：是重要的辅助材料之一，在包装作业中应用极为广泛，如图5-26所示。黏合剂是具有黏性的物质，借助其黏合性能将两种分离的材料连接在一起。

图5-26 黏合剂实例（生产厂家、品牌、作者不详）

印刷油墨：油墨是由有色体（如颜料、染料等）、连结料、填（充）料、附着料等物质组成的均匀混合物，如图5-27所示。能进行印刷，并在被印刷体上干燥，是有颜色、具有一定流动性的浆状胶粘体。 因此，颜色（色相）、身骨（稀稠、流动度等流变性能）和干燥性能是油墨的三个最重要指标。它们的种类很多，物理性质亦不一样，有的很稠、很黏，而有的却相当稀；有的以植物油作连结料，而有的用树脂和溶剂或水等做连结料。这些都是根据印刷对象即承印物、印刷方法、印刷版材的类型和干燥方法等来决定。

图5-27 印刷油墨实例（生产厂家、品牌、作者不详）

5.2 包装材料应用

5.2.1 包装材料应有的性能

包装材料应有的性能有些在前文已叙述，不再重复。但需要牢记以下6个要点：①一定的机械性能（所用包装材料必须具有一定的强度、韧性和弹性等以适应压力、冲击、震动等静力和动力因素的影响）；②良好的绿色环保性能；③适当的阻隔性能；④良好的安全性能；⑤合适的加工性能；⑥较好的经济性能。符合包装材料应有性能的包装实例如图5-28所示。

图5-28 符合包装材料应有性能的包装实例（美纯五香手撕牛肉干包装 生产厂家、作者不详）

5.2.2 常用的包装材料应用

1. 纸包装材料应用（见图5-29）

（1）纸张表面性能：指光滑度、硬度、黏合性、掉粉性等。

（2）纸张物理性能：指纸的定量、厚度、强度、弯曲性、纹理走向、柔软性、耐折度等。

（3）纸张适印性能：不同的纸质会对印刷效果产生影响，如光滑度、吸墨性、硬度、掉粉度等不同纸张的使用会产生不同的印刷效果。

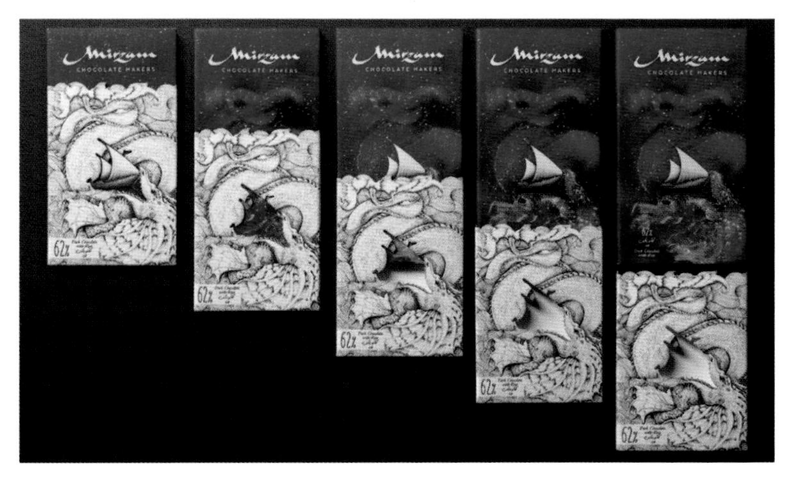

图5-29 纸包装材料所制器物实例（mizam阿联酋起源系列巧克力棒插画风格系列帆船海浪包装）

2. 塑料包装材料应用（见图5-30、图5-31）

1）塑料的种类

塑料包装材料按照包装形式，可以分为塑料薄膜包装和塑料容器包装两大类。

2）塑料的优缺点

和其他包装材料相比，塑料的优点是成本低、重量轻、易生产、耐化学性能好等。缺点是，不耐高温，高温下会产生有毒物质、容易变形、透气性较差，不易自然降解，对环境造成污染等。

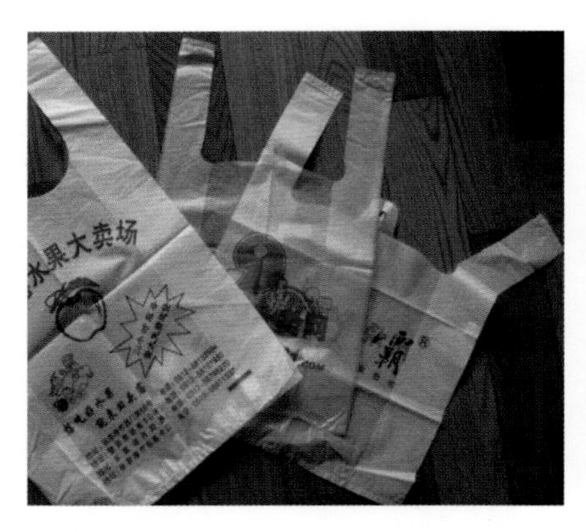

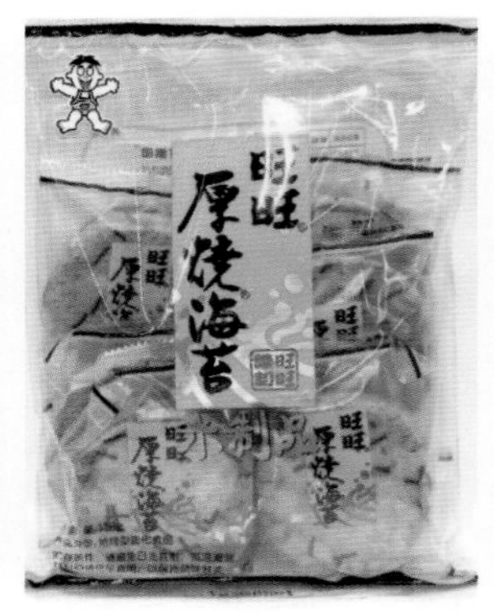

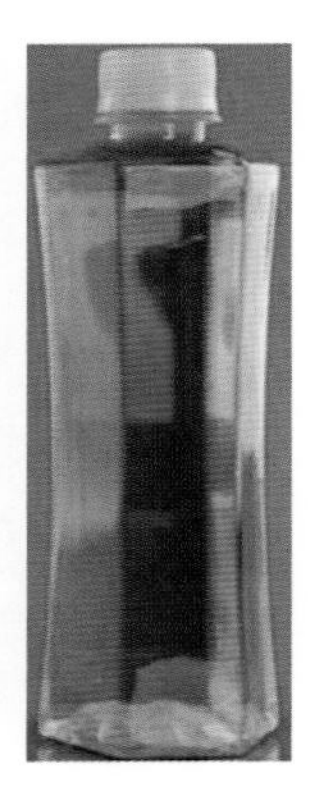

图5-30　塑料包装材料所制器物实例（旺旺厚烧海苔塑料包装袋等 生产厂家、品牌、作者不详）

图5-31　塑料包装材料所制器物实例（不同规格的塑料容器 生产厂家、品牌、作者不详）

3. 金属包装材料应用（见图5-32、图5-33）

1）金属包装材料的优点

（1）优良的阻隔性能。金属包装容器不仅可以阻隔诸如空气、氧气、水蒸气、二氧化碳等气体，还可以遮光，特别是阻隔紫外光，因此不会引起内装物的潮解、变质、腐败褪色以及味道的变化。

（2）优良的力学性能。因为金属包装容器刚性大、易操作，能经受碰撞、振动和堆叠，便于运输和储存，使商品的销售半径大为增加。

（3）热传导性好。适用于食品罐头加热、冷却的需要，可提高高温杀菌、快速冷却的效果，可实现内装物的罐内烹饪。

（4）良好的加工适应性。因金属延展性好，对复杂的成型加工能实现高精度、高速度生产。例如，马口铁三片罐生产线的生产速度可达到3600罐/分钟。这么高的生产率可使金属容器以较低的成本去满足消费者的大量需求。

（5）使用方便。金属包装容器不易破损，携带方便。现在许多饮料、食品用罐与易开盖组合，更增加了使用方便性，以适应现代设备快节奏的生活，并广泛应用于旅游生活中。

（6）装潢美观。金属容器一般都有美丽的金属光泽，再配以色彩艳丽的图文印刷，更增添了商品的美观性。正因如此，人们在赠送礼品时，往往首选用金属容器包装的商品。

（7）卫生安全。由于使用了适当的涂料，使金属容器完全满足食品容器对卫生和安全的要求。

图5-32 金属包装材料所制器物实例（生产厂家、品牌、作者不详）

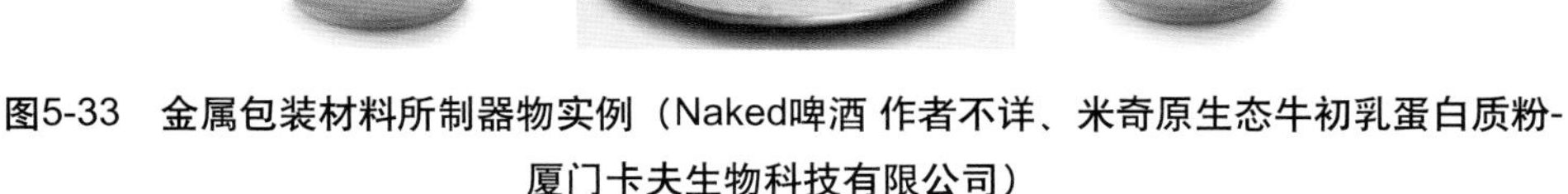

图5-33 金属包装材料所制器物实例（Naked啤酒 作者不详、米奇原生态牛初乳蛋白质粉-厦门卡夫生物科技有限公司）

（8）废弃后易于处理。金属容器一般在用完后都可以回炉再生，循环使用。既回收了资源、节约了能源，又可以消除环境污染。即使金属锈蚀后散落在土壤中，也不会对环境造成恶劣影响。

（9）具有良好的屏蔽性能。对高技术电子设备的防护包装，已不能停留在防潮、防霉、防锈、防震等基本防护功能上。当电磁波穿透设备中敏感电气器件时，其作用极像静电放电，会使电器元器件失效，从而导致设备无法使用。金属包装容器良好的屏蔽性能使之具有抗电磁、有效保护高技术电子设备的功能。

（10）具有导磁性。钢制容器具有导磁性，因此可利用磁力进行搬运等。

2）金属包装材料的缺点

（1）化学稳定性差。在酸、碱、盐及潮湿空气的作用下，它易于锈蚀。这在一定程度上限制了它的使用范围。但现在使用的各种性能优良的涂料，使这个缺点得以弥补。

（2）经济性差即价格较贵。这个缺点也正在通过技术进步而逐渐得到改进。

4. 玻璃包装材料应用（见图5-1）

越来越多的消费意向倾向于玻璃包装，因为玻璃包装确实具备许多其他材料不可替代的优点。

（1）前文已叙述，玻璃材料具有良好的阻隔性能，可以很好地阻止多种气体对内装物的侵袭，同时可以阻止内装物的可挥发性成分向外挥发。

（2）玻璃包装可以反复使用，可以降低资源浪费，减少废弃物对大自然的危害。另一方面，还可以降低包装生产成本。

（3）玻璃包装材料能够较容易地进行自身颜色和透明度的改变。

（4）玻璃包装材料安全卫生、有良好的耐腐蚀能力和耐酸蚀能力。

（5）玻璃包装适合自动灌装生产线的灌装生产。

综上所述玻璃包装材料的优点，可以看到玻璃包装的市场前景非常乐观。它可以在酒品包装、化妆品包装、饮料包装、调料包装、药品包装、食品包装等领域占据着不可替代的位置。

5. 陶瓷包装材料应用（见图5-34）

陶瓷因其性能良好、低成本、可塑性强以及造型精美的特点，成为现代包装行业中一种十分有档次的包装材料，并被广泛应用。

6. 木质包装材料应用（见图5-35）

木质材料有相当多的优点，前文已叙述。用木质材料做包装无疑是可行的而且是可靠的、全美的。纯木质包装的高雅程度无须多说，那是有目共睹的。我们可能会见到木质包装的酒品、木质包装的虫草中药、木质包装的工艺品等，那是什么感觉？还用多说吗？单凭这个木盒就知道里面装的物品不一般。

木质材料的恰当应用会给包装业带来无限生机。

7. 复合包装材料应用（见图5-36）

复合材料是两种或两种以上材料，经过一次或多次复合工艺组合在一起，从而构成具有一定功能的复合材料。复合材料一般具有基层、功能层和热封层。

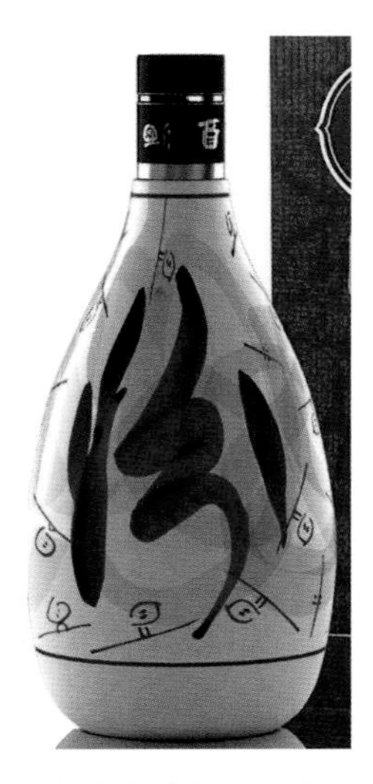

图5-34　陶瓷包装材料所制器物实例（汾酒、习酒、英国柴郡杜松子酒经典瓶型）

图5-35　木质包装材料所制器物实例（生产厂家、品牌、作者不详）

图5-36　复合包装材料所制器物实例（Jucee饮料包装 作者不详）

因为复合包装材料所牵涉的原材料种类较多，性质各异，哪些材料可以结合，或不能结合，用什么东西黏合等，问题比较多且复杂，所以必须对它们精心选择，方能获得理想的效果。

本章小结

包装设计中材料的选择非常重要，在构思设计的时候，就需要设计者要把材料因素考虑进去，选择适合的包装材料，才能更好地呈现出作品的效果。

思考练习

1. 包装材料都有哪些？
2. 如何选择合适的包装材料来呈现作品？

实训课堂

本章内容主要是解决在展开设计中所遇到的材料方面问题的，应当认真阅读，以把握设计中材料的正确运用。本阶段应产出的大作业素材：按照展开设计流程逐项进行更加深入草拟设计，该定稿的可以定稿了。

第6章 包装印刷与工艺

扫码收听本章音频讲解

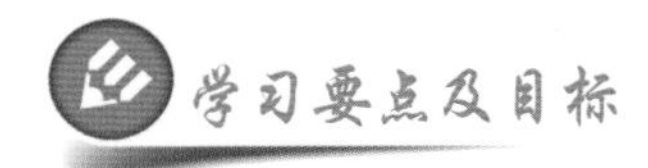

学习要点及目标

本章的学习要点是了解包装印刷环节的有关知识，以便知晓印前设计与印刷环节之间的相互关系。

引导案例

BIZILI公司地铁广告

如图6-1所示，本作品是编者在从事广告设计时为中国的一家在英国售卖剪纸的公司所设计的一件地铁灯箱广告作品，当时因为广告位的尺寸偏小，印刷时采用的是丝网印刷的方式，承印物选择的是半透的灯箱片，整体设计选用的是中国传统的红色作为主要色调，文字排版整体反白所呈现出的剪纸镂空的效果，给观者留下最直观的感受。

图6-1　丝网印刷品实例（BIZILI公司地铁广告-王胤）

6.1 印刷种类

6.1.1 凸版印刷

凸版印刷是最早发明并且目前还在使用的一种印刷技术，其特点是印刷版面上印纹凸起，非印纹凹下。当油墨辊滚过的时候，凸起的印纹蘸有油墨，而非印纹的凹下部分则蘸不到油墨。当纸张在承印版面上承受一定的压力时，印纹上的油墨便被转印到纸上，如图6-2所示。

图6-2 凸版印刷品实例（小标签 作者不详）

凸版印刷的原理比较简单。在凸版印刷中，印刷机的给墨装置先使油墨分配均匀，然后通过墨辊将油墨转移到印版上，由于凸版上的图文部分远高于印版上的非图文部分。因此，墨辊上的油凸版印刷墨只能转移到印版的图文部分，而非图文部分则没有油墨。印刷机的给纸机构将纸输送到印刷机的印刷部件，在印版装置和压印装置的共同作用下，印版图文部分的油墨则转移到承印物上，从而完成一件印刷品的印刷。凡是印刷品的纸背有轻微印痕凸起，线条或网点边缘部分整齐，并且印墨在中心部分显得浅淡的，则是凸版印刷品。凸起的印纹边缘受压较重，因而有轻微的印痕凸起。

6.1.2 凹版印刷

凹版印刷的原理与凸版印刷正好相反，印纹部分凹于版面，非印纹部分则是平滑的。当油墨滚在版面上后，自然陷入凹下去的印纹里，印刷前将印版表面的油墨刮擦干净，只留下凹纹中的油墨，放上纸张并施加压力后，凹陷部分的印纹就被转印到纸上。

凹版印刷以按原稿图文刻制的凹坑载墨，线条的粗细及油墨的浓淡层次在刻版时可以任意控制，不易被模仿和伪造，尤其是墨坑的深浅，依照印好的图文进行逼真雕刻的可能性非常小。因此，目前的纸币、邮票、股票等有价证券，一般都用凹版印刷，具有较好的防伪效果。目前，一些企业的商标甚至包装装潢已有意识地采用凹版印刷，说明凹版印刷是一种较有生命力的防伪印刷方法。

6.1.3 平版印刷

早期的平版印刷是由石版印刷发展而来的，称为平版平压式印刷。此后又改进为用金属锌或铝作版材，由于印刷时版材承受较大压力，使油墨扩张导致印纹变形、粗糙，后来经过改良，加补了一个胶皮筒以缓冲压力。其过程是先将锌版制成正纹，印刷时转印到胶筒上成为反纹，然后再将反纹转印到纸上成为正纹，因此这种印刷方式也被称为“胶印”。

优点：制版工作简便，成本低廉。套色装版准确，印刷版复制容易。印刷物柔和软调。可以承印大数量的印品。

缺点：因印刷时水胶之影响，色调再现力减低，鲜艳度缺乏。版面油墨稀薄（只能表现70%的能力，所以柯式印的灯箱海报必须经过双面印刷才可以加强其色泽）。特殊印刷应用有限。

应用范围：海报、简介、说明书、报纸、包装、书籍、杂志、日历、其他有关彩色印刷及大数量之印刷物，如图6-3所示。

图6-3 平版印刷品实例（2012年国际行动理事会第30届年会开幕式背景板-王胤）

6.1.4 丝网印刷

丝网印刷又称孔版印刷，是由油墨透过网孔进行的印刷。丝网使用的材料有绢布、金属及合成材料的丝网及蜡纸等。其原理是将印纹部位镂空成细孔，非印纹部分不透。印刷时把墨装置在版面之上，而承印物则在版面之下，印版紧贴承印物，用刮板刮压使油墨通过网孔渗透到承印物的表面上，实例参见图6-1。

6.1.5 柔性版印刷

柔性版印刷又称橡胶版印刷，即印版是由软胶制成，似橡皮图章一样。它采用轮转印刷方法，把具有弹性的凸版固定在辊筒上，由网纹金属辊施墨，如图6-4所示。柔性版可以在较宽的幅面上进行印刷，不需要太大的印刷压力，压力大时则容易变形。其印刷效果兼有活版印刷的清晰，平版印刷的柔和色调，凹版印刷的墨色厚实和光泽。但由于印版受压力过大，容易变形的原因，设计时应尽量避免过小、过细的文字以及精确的套印。

图6-4 柔性版印刷品实例（柔性版和纸箱印刷效果 生产厂家、品牌、作者不详）

6.1.6 数码印刷

数码印刷是一项综合性很强的技术，涵盖了印刷、电子、计算机、网络、通讯的多个技术领域。所谓数码印刷，就是电子档案由计算机直接传送到印刷机，从而取消了分色、拼版、制版、试车等步骤。它将印刷业带入了一个前所未有的新时代，它的最有效的方式是：从输入到输出，整个过程可由一个人控制，实现一张起印。这样的小量印刷很适合四色打样和价格合理的多品种印刷，如图6-5所示。

图6-5 数码印刷品实例（2012年津洽会天津出口基地站灯箱海报-王胤）

6.2 包装与印刷工艺

6.2.1 印刷的要素

1. 印刷机械

印刷机械是指用于生产印刷品的机器、设备的总称，包括制版机械、印刷机械和印后加工机械，如图6-6所示。

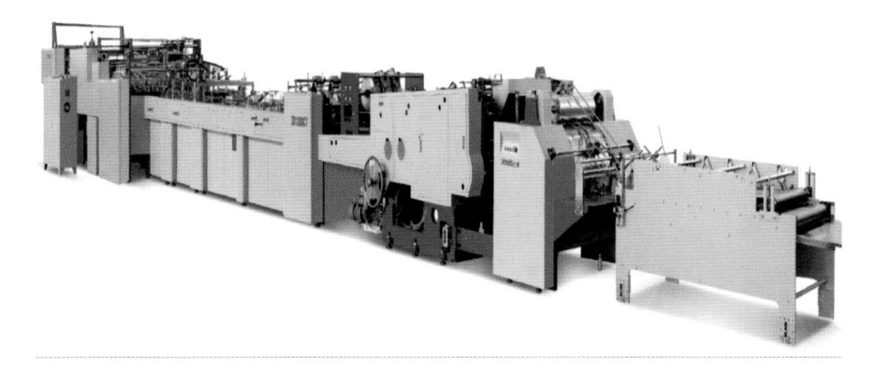

图6-6 印刷设备实例（生产厂家、品牌不详）

制版机械的主要功能是将原稿上的图文信息经过中间媒介的转移，使印刷版材上获得图文信息，即制得印版。常用的制版机械有：制版照相机、电子分色机、照相排字机、显影冲洗机、拷贝机、晒版机、打样机等。

印刷机是利用机械进行印刷的机器。它的主要功能是不断把油墨涂布在印版的图文部分，经过加压使印版上的墨层转移到承印物上，即获得印刷品。常用的印刷机有凸版印刷机、平版印刷机、凹版印刷机、孔版印刷机等。

印后加工机械是用于印刷后加工的机器、设备的总称。按功能可分为切纸机、折页机、配页机、订书机、包封面机、打包机及覆膜机、上光机、压光机等。

印刷机械主要有以下三个特点。

（1）种类多。印刷机械的种类繁多，包括印刷机械、装订机械、制版机械三大类。而每一大类中又有许多不同类型的机器，以适应不同的纸张规格和不同的印刷、装订、制版方法。细分的话，可有几百种机型。

（2）具有输入、加工处理、输出几个共同部分。

（3）印刷机、装订机和制版机，它们的结构形式虽不相同，但它们都具有三个功能部分。印刷机的输纸装置、折页机的输页装置等都属于输入部分；印刷机的印刷、折页机的折页、模切机的模压等都属于加工处理部分；印刷机的收纸装置、折页机的收帖装置等都属于输出部分。

对印刷机械的要求精度高，是从印刷工艺的要求来考虑的。因为印刷机在压印状态时，纸张和图文不应产生相对的移动，即相对速度为零。而印刷机在压印过程中，要求在匀速运动状态下进行，变速运动会影响印刷产品的质量。印刷机在运转过程中，还要求振动小，振动过大会影响整个印刷性能。

2. 印版

印版是指其表面处理成一部分可转移印刷油墨，另一部分不转移印刷油墨的印刷版。国家标准的解释为：“为复制图文，用于把呈色剂/色料（如油墨）转移至承印物上的模拟图像载体。”如图6-7所示。

图6-7　木刻活字印版实例（作者不详）

3. 油墨

油墨是用于印刷的重要材料，它通过印刷或喷绘将图案、文字表现在承印物上，如图6-8所示。油墨中包括主要成分和辅助成分，它们均匀地混合并经反复轧制而成一种黏性胶状流体。由连结料（树脂）、颜料、填料、助剂和溶剂等组成。用于书刊、包装装潢、建筑装饰及电子线路板材等各种印刷。随着社会需求的增大，油墨品种和产量也相应地扩展和增长。

图6-8　印刷油墨实例（生产厂家、品牌不详）

4. 承印物

承印物是指能接受油墨或吸附色料并呈现图文的各种物质。承印物按分类有纸张印刷、塑料印刷、金属印刷、陶瓷印刷、墙壁印刷。承印物纸张包括有新闻纸、凸版纸、凹版纸、周报纸、画报纸、地图纸、海图纸、拷贝纸、字典纸、书皮纸、书写纸、白卡纸、胶版纸、胶版印刷涂料纸及其他各种材料等。

不同承印物对油墨的要求是不同的。

1）纸张类承印材料对油墨的要求

（1）新闻纸。新闻纸是纸张中级别最低的一类纸张，其结构松散、纤维呈开放状态，没经过压光处理，挺度低，吸收性强。以前用于新闻印刷的柔印油墨，要求低黏性、流动性好。油墨的流动性与印刷机的速度相关，速度越高要求流动性越好。新闻油墨几乎不含黏合剂，通过吸收渗透干燥。由于黏合剂很少，印在纸面上的颜料易于被擦掉。目前，新闻印刷已由柔性版印刷改为轮转胶印，更先进的柔性版印刷也被用于新闻印刷中，柔性版水基型油墨的需求日见增加。

（2）涂布纸和经过表面处理的纸张。杂志、书刊、产品目录、贸易期刊和一些特殊用途的印刷品，采用高质量的经表面处理的纸张。上胶后的纸张变得表面光滑，这会减弱它对油墨的吸收性能。凸印和单张纸平版胶印，在涂布纸上进行印刷的墨膜厚度应该比非涂布纸上厚，油墨的黏度要求比较高，通过氧化结膜实现干燥。轮转机在涂布纸上印刷所使用的快干型、氧化结膜干燥的油墨，逐渐被通过对墨膜加热、使墨膜中的溶剂迅速挥发完成干燥的热固型油墨所代替。

（3）非涂布纸。非涂布纸的质量各有不同，所用油墨也必须适应各种纸的要求。通常用黏稠的油墨印刷，但是比涂布纸用的油墨稀一些，通过渗透吸收和氧化结膜实现干燥。

（4）纸板。纸板通常用来做纸盒、纸箱、印刷品包装、精装书封面等。在纸板上印刷用的油墨，要求黏性低、流动性好，能够耐搬运过程中的碰撞、摩擦等机械力的作用。纸板上印刷可以是氧化结膜干燥的凸印或平版胶印、渗透与挥发干燥的凹印或柔性版印刷。

（5）其他纸张。

① 玻璃纸被广泛用于巧克力、烘烤食品和其他具有油性、对湿度很敏感的食品包装中。玻璃纸印刷通常采用柔性版印刷或凹版印刷。

② 装饰纸，如包装纸、墙纸、纸制成的服装和织物等，可以用柔性版印刷、凹版印刷和丝网印刷。

③ 牛皮纸表面多孔且不光滑。牛皮纸可以用柔性版印刷，以提供油墨较快的干燥速度来适应印刷机的高速运转。

2）非纸类材料对油墨的要求

（1）塑料薄膜。需要结合薄膜、印刷机、印刷速度以及最终印品的用途，选择适当的油墨进行薄膜印刷。由于薄膜中会含有增塑剂，需要考虑油墨中的黏合剂会不会溶解它，造成增塑剂转移到墨膜的现象，以免墨膜被软化，或者塑料膜粘连。由于塑料薄膜的表面是光滑无空隙的，通常又是成卷印刷，故对油墨的要求是在微热的加温下，墨膜迅速干燥。因此，一般塑料薄膜印刷要求使用含低沸点溶剂的油墨。

薄膜的种类有聚烯烃（聚乙烯、聚丙烯）、聚氯乙烯、聚氟乙烯、尼龙、聚酯等，溶剂型油墨和水基油墨以及凹版印刷、柔性版印刷、丝网印刷等方式都有应用。

（2）金属箔。常用铝箔，通常覆以虫胶或醋酸纤维素，以增加油墨的附着力。凹版印刷和丝网以及平版胶印印刷油墨应用最多。

（3）陶瓷和玻璃。通常用网印方法进行陶瓷和玻璃印刷，印后在1000℃左右的温度下，使颜料熔化附着在表面上，此处颜料主要是无机颜料。

在实际印刷过程中，要根据具体的承印物材料性能具体分析，决定需用什么样的印刷工艺以及印刷油墨，才可以得到高质量的印品。

一般来说，印刷机印刷的最高分辨率能达到300线/英寸。同时，针对不同的承印物有不同的加网要求。如果承印物是铜版纸（即一般的杂志或者画册），由于其表面平滑，能够再现较细的网点，因此加网线数较高，输出的效果也比较好。如果承印物是胶纸，由于纸的表面比较粗，输出的效果就稍差一些。 如果承印物是白报纸，纸的表面更粗糙一些，输出的效果与前两者相比更差一些，通常情况下用肉眼就可以分辨出来。

6.2.2 印刷加工工艺

1. 烫印

烫印是指利用有金属光泽的电化铝箔，如金、银箔等材料，借助一定的压力和温度，使电化铝箔与印刷品在很短的时间内相互贴合，将金属箔或颜料箔按照烫印模板上的区域转印到印刷品表面的加工工艺，如图6-9所示。

图6-9　烫印效果实例（作者不详）

烫印加工可分普通烫印、冷烫印、凹凸烫印和全息烫印等方式。

（1）普通烫印就是根据热压转移的原理，将金属箔转移到承烫基材表面。

（2）冷烫印不需用加热后的金属印版，而是利用UV胶粘剂将烫印箔转移到承印材料上的方法。

（3）凹凸烫印又称立体烫印，是把压凹凸和烫印相结合，一次成型的工艺，这种工艺广泛用在包装产品的主图案部分。

（4）全息烫印是把具有全部信息的图文，通过热压转移原理，烫印在承烫基材表面，这种烫印分为连续图案烫印和独立商标全息标识定位烫印。

随着市场经济的发展，对商品包装、书籍封面等印刷品提出了更高的要求，既需要光谱色彩，又需要金属色彩，如图6-10所示。金、银墨印刷极大地增强了商品包装和书籍封面等装饰效果，但金、银墨长时间与空气接触会发生氧化反应，使金、银色逐渐变暗、变黑，影响外观效果。后来采用金箔在印刷品表面烫印图文，效果良好，烫金一词由此而来。但纯金成本太高，限制了它的使用。后来研制出电化铝箔可以代替金箔。电化铝箔烫印出的图文色泽鲜艳，晶莹夺目，起到了很好的装饰作用。

图6-10　烫印彩金效果实例（作者不详）

电化铝箔化学性质稳定，可以经受长时间日晒雨淋不变色，长期接触空气不氧化、不变暗，不发黑，长久保持金属光泽。

电化铝箔色彩丰富，适合烫印各种印刷品主色。电化铝箔材料来源广泛，成本不高，烫印工艺简单，易于掌握，经济效益好。

电化铝烫印广泛用于印刷书刊封面、产品说明书、宣传广告、包装装潢、商标图案、挂历、信笺及各种书写工具、塑料制品、日用百货、家居装饰品等，为各种商品及日用品增添了光彩，提高了档次。

电化铝烫印颜色有金色、银色、红色、蓝色、绿色、橘黄色等各种颜色。

烫印主要有两种功能：一是表面装饰，提高产品的附加值，喜欢喜庆、金碧辉煌为中国民族传统，烫印与压凸压印工艺相结合，以显其华贵；二是赋予产品较高的防伪性能，采用全息定位烫印商标标识，防假冒、保名牌。同时，烫印非常能够表现产品包装的个性化，而且安全环保。因此，许多高档包装都采用了烫印工艺。

烫印不但有良好的装饰作用，还具有很强的防伪功能，可以防范利用复印机和扫描仪造假，已成为世界各国政府在大额钞票、身份证和护照防伪方面的重要材料。烫印的颜色可在观看时有多种变化，在荷兰面值为10的荷兰盾中，采用的烫印颜色从银白色变到蓝色，然后再变到黑色；欧元采用全息烫印进行防伪。

2. 上光

上光是在印刷品表面涂上（或喷、印）一层无色透明涂料，干燥后起保护及增加印刷品光泽的作用。在印刷品表面涂（或喷、印）上一层无色透明的涂料，经流平、干燥、压光、固化后在印刷品表面形成一种薄而匀的透明光亮层，起到增强载体表面平滑度、保护印刷图文的精饰加工功能的工艺，被称为上光工艺，如图6-11所示。

图6-11　上光效果实例（作者不详）

知识拓展

UV上光

早期上光的方式是在印刷品表面涂布树脂、蜡油或裱合胶膜，让印刷品表面形成一层膜面。中世纪西洋画家在作品的颜料完全固化干燥后涂以透明光漆，干燥后即为生油彩画之光泽，而后此方法就成为印刷品上光之导源。由于美工设计者的创作需求及上光加工技术不断地改良进步，发展出更多上光方式及膜面，使得上光能大幅提高印刷品的价值。

1．UV上光的优势与重要性

UV上光（即紫外线上光）迅速兴起，并在许多产品上取代覆膜上光和溶剂型上光的做法，主要是UV 上光本身具有以下几项优势：

经UV 上光加工处理后的印刷纸品，色彩明显较其他加工方法鲜艳亮丽；且固化后的涂层除了具有很高的耐磨性，还具有很高的稳定性，能够防水耐潮；并可以回收利用，减少环境污染等问题，凸显其在印刷纸品上光加工的明显优势。

2．UV上光市场分布

印刷工业的主要加工印件和UV上光油的最大用户之一就是包装行业。包装行业对UV上光油的需求仍然显示出非常大的增长潜力，特别是高品质产品（光泽、耐化学品、耐磨性、附着力等）。当高生产率（例如：线上加工）与环境保护同时要求时，这种潜力表现尤为突出。UV上光更广泛地应用在目录、包装、杂志、书籍封面、广告、标签、各式卡片、商务订单等印刷上，目前，这些领域都是借助于UV上光技术，同时采用平版印刷、柔性版印刷、丝网印刷、喷墨、凹版印刷等现有印刷技术。

3．浮出

浮出印刷（凸字粉印刷），使平面上的印刷物变成立体凸状，这是浮出印刷加工之方法，在商业上甚有利用价值。因其能表现出高贵大方之感，特别是赠送礼物之包装纸、标签、包装盒更能显现商品的价值，如图6-12所示。

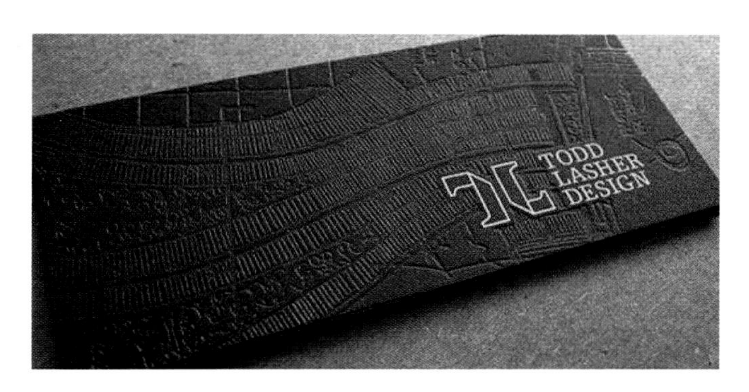

图6-12　浮出印刷效果实例（作者不详）

4．凸凹压印

凸凹压印又称压凸纹印刷，是印刷品表面装饰加工中一种特殊的加工技术，它使用凸凹模具在一定的压力作用下，使印刷品基材发生塑性变形，从而对印刷品表面进行艺术加工。压印的各种凸状图文和花样显示出深浅不一的纹样，具有明显的浮雕感，增强了印刷品的立体感和艺术感染力。

凸凹压印是浮雕艺术在印刷上的移植和运用，其印版类似于我国木版水印使用的拱花方法。印刷时，不时用油墨而是直接利用印刷机的压力进行压印，操作方法与一般的凸版印刷相同，但压力要大一些。如果质量要求高或纸张比较厚、硬度比较大也可以采用热压，即在印刷机的金属底板上接通电流。

凸凹压印工艺多用于印刷品和纸容器的后续加工上，如包装纸盒、装潢用瓶签、商标、书刊装帧、日历、贺卡等。

包装装潢利用凸凹压印工艺，运用深浅结合、粗细结合的艺术表现方法，使包装制品的外观在艺术上得到更完美的体现，如图6-13所示。凸凹压印工艺流程包括印版的制作、凸凹压印、整理包装等项操作。

图6-13　压印印刷效果实例（作者不详）

5．覆膜

覆膜，又称“过塑”“裱胶”“贴膜”等，是指以透明塑料薄膜通过热压覆贴到印刷品表面，起保护及增加光泽的作用。覆膜已被广泛用于书刊的封面、画册、纪念册、明信片、产品说明书、挂历和地图等进行表面装帧及保护，如图6-14所示。目前，常见的覆膜包装产品有纸箱、纸盒、手提袋、化肥袋、种子袋、不干胶标签等。

覆哑膜工艺

又称过塑、裱胶、贴膜
色彩逼真、手感舒适

覆亮膜工艺

又称过塑、裱胶、贴膜
色彩鲜艳亮丽、易反光

图6-14　覆膜效果实例（作者不详）

本章小结

包装设计最后成为实物，一般都是要经过印刷才能完成的，选择适用于所服务包装设计项目的印刷方式和工艺，对于最终成品的效果至关重要，通过对印刷种类和工艺的了解，使设计者能够更好地进行包装设计工作。

思考练习

1. 包装的印刷种类主要有哪些？
2. 包装的印刷工艺都有哪些特点？

实训课堂

本章内容是让设计者了解包装印刷环节的有关知识，以便知晓印前设计与印刷环节之间的相互关系。对照本章内容，做好设计环节与印刷环节相关联的问题的处理。请认真阅读本章内容。本阶段应产出的大作业素材：按照展开设计流程更进一步完善各项草拟设计，该定稿的应该定稿。

第7章 包装的文化特征

扫码收听本章音频讲解

学习要点及目标

通过学习和对重点案例的分析真正理解包装的文化特征，以便更好地完善包装设计作品。

引导案例

故宫文创设计

如图7-1所示，如今出现了越来越多的文化创意产品，故宫的文创产品，体现了中国的传统文化和现代设计创意的高度融合，具有深刻的文化内涵。故宫的文创产品设计很好地包容吸纳了明清时期的文化元素，并其设计巧妙，极具代表性。

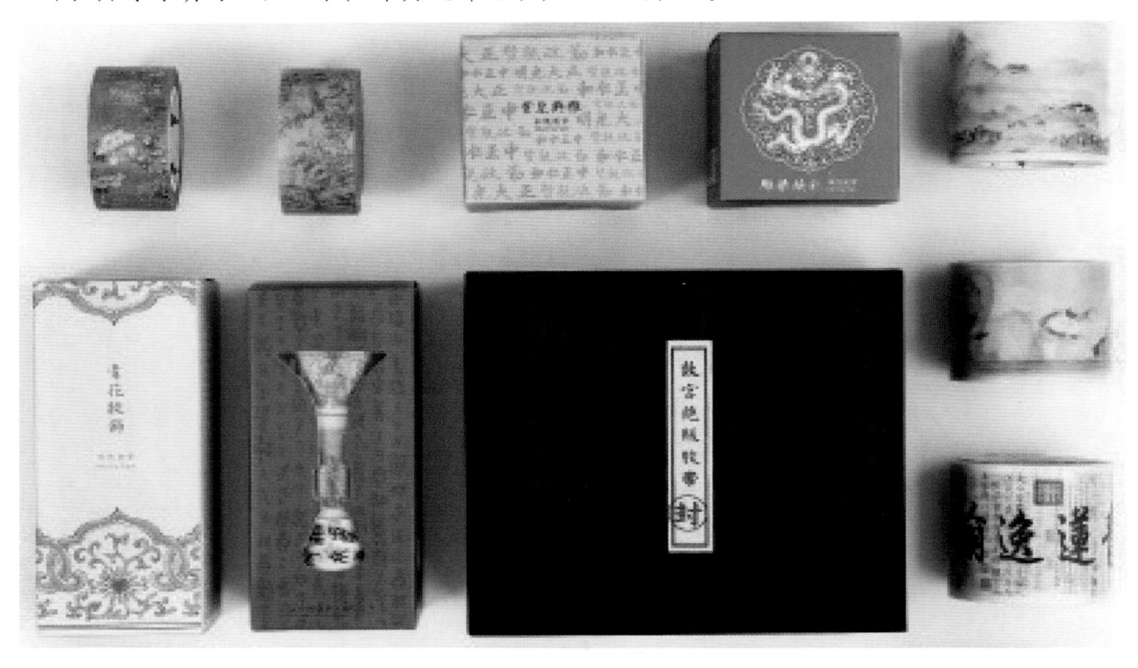

图7-1　文化创意产品包装实例（故宫文创产品包装）

7.1 包装设计文化的结构层次

文化是人类历史实践过程中所创造的物质财富和精神财富的总和。那么包装设计文化是否可以说是包括人们的一切行为方式和满足这些行为方式所创造的事物，以及基于这些方面所形成的心理观念？一般来说，这些由许多设计文化要素构成的复合整体，可分为以下三个层次。

7.1.1 包装设计的物质层

包装设计的物质层是设计文化的表层，主要指包含了设计文化要素的物质载体，它具有物质性、基础性、易变性的特征。如各种包装设计部门和包装设计产品、交换商品的场所以及消费者在使用包装产品中的消费行为等。

7.1.2 包装设计组织制度层

包装设计组织制度层是设计文化的中层，也是设计文化内层的物化，它有较强的时代性和连续性特征。主要包括协调设计系统各要素之间的关系，规范设计行为并判断、矫正设计的组织制度。世界上包装设计文化比较先进的国家都有自己相应的较为完整的组织制度。而包装设计文化比较落后的国家，组织制度大都不完整，它们零散地存在于政策、经济、文化和法律等其他的组织制度中，没有健全的独立的体系和地位。如果没有了这个层次，设计的个体就必将处于无序。

7.1.3 包装设计的概念层

包装设计的概念层是一种文化心理状态，处于核心和主导地位，是设计系统各要素一切活动的基础和依据。科技的发展、生产力的提高和文化的进步，带来的对包装设计文化的冲击，主要表现在生产和生活观念、价值观念、思维观念、审美观念、道德伦理观念、民族心理观念等方面上。它是设计文化结构中最为稳定的部分，也是设计文化的灵魂。它存在于人的内心，如有发展变化，最终会直接或间接地在组织制度层面上得到表现，并由此规定自己的发展和规律，吸收、发展或排斥异质文化要素，左右设计文化的发展趋势。

包装设计文化结构的三个方面，彼此相关，形成一个系统，构成了包装设计文化的有机整体。包装设计文化的物质层，是最活跃的因素，它变动活跃，交流方便频繁，同时，包装设计文化的变化发展又总是首先在它的自身得到体现。在市场上，产品包装更新换代，层出不穷。而组织制度是最权威的因素，它规定包装设计文化的整体性质，是设计的群际关系得以维系的重要纽带，更是包装设计得以科学有效实施的保障。这一层面由一整套内在的准则系统所构成，从而成为包装设计师从事设计活动的准绳。再者，心理意识的内层则相应较为保守、稳固，是设计文化的核心所在。不同的设计观念会带来不同的行为方式和社会结果，认识到新环境所强加于我们的新要求，并掌握符合这样新要求的新思想、新观念和新手段，这正是设计观念的新高度。三者之间互相依存、互相结合、互相渗透，并融合反映在每一个具体的包装设计活动和设计作品中。

7.2 包装设计文化特质的探讨

现代社会中的商品包装是一种独特的文化，它以鲜明的时代性、深厚的民族性和普遍的人类性，以蓬勃旺盛的发展态势传播文化信息、活跃文化事业、繁荣社会文化、美化社会环境、建设精神文明，影响着社会成员的经济观、消费观，影响着消费者的主观偏好、商品选择，还决定着消费者对世界、社会、人生的根本观念。

文化包装策略的实现（见表7-1）。只有把握时代脉搏和社会文化价值取向的产品包装，才能对社会文化意识和人们的文化心理及审美水平形成影响，从而产生最大的情感效应和文化效应。

表7-1　文化包装策略的实现条件

实现条件	简要说明
注重营造企业品牌文化	造型别致、构思新颖、颇有“文化含量”的品牌，给人以美而新的感觉
大力弘扬民族文化	通过在包装上融入色彩、绘画、形象、诗文、宗教等传统文化来提高产品的民族性和竞争力
充分认识文化的共享性	加强与世界文化的融合，呈现出一致性与共同性，构成超越地域、文化、种族界限的人类共同价值的基础

7.2.1　对于包装设计的文化特质的认识

（1）包装设计有着稳定的基本文化格局，并不断为社会文化注入鲜活的新内容，不断产生着与时代同步的新面貌。

（2）人类对物质生活的需求，即人类要不断改善自身的生存环境和生存质量。

（3）人类对精神文化的需求。包装设计作为文化媒介，通过包装设计影像承载一个国家的民族文化精神。

（4）包装文化以追求效益、功能、美观为目标，是装潢设计与包装工程相结合的综合形态。

7.2.2　包装文化形态

包装文化形态可从三个层面来认识。

（1）器物层。它是包装设计活动的总和，是可感知、把握、具有物质实体的产品形态，也构成整个包装文化的基础，主要以市场营销为目的。

（2）制度层。包装设计是一种社会化活动，并在长期的生产过程中形成具有保障、促进作用的政策、法规、标准、规程等。

（3）精神文化层。精神文化是由人类在社会实践和意识活动中长期培养出来的价值观念、思维方式、道德情操等。

7.2.3　包装设计的功能价值

（1）使用（见1.2节包装的功能与分类）

（2）运输（见1.2节包装的功能与分类）

（3）营销（见1.2节包装的功能与分类）

7.2.4 包装设计的审美表现形式

包装设计的审美表现形式主要指形态、色彩、质材（见图7-2）。

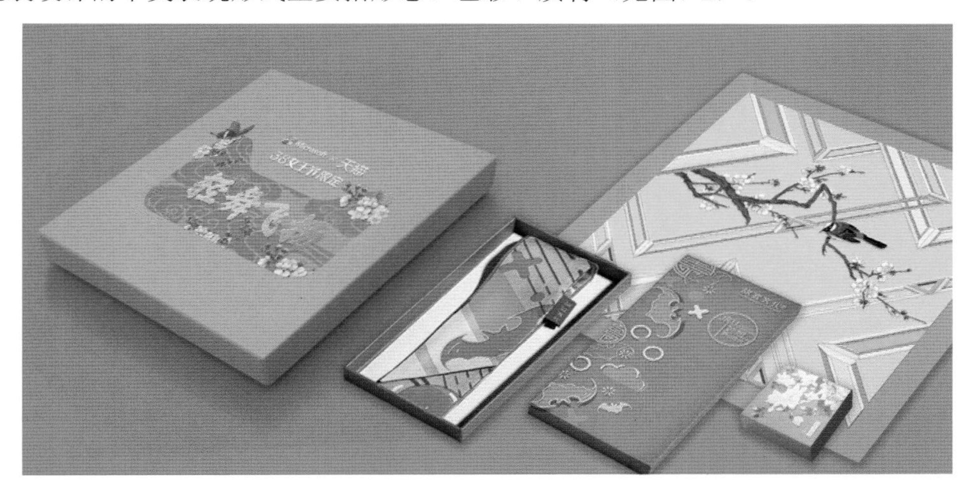

图7-2 作为包装设计作品必须是美的（微软x故宫天猫38女王节限量礼盒-我是7r）

形态是事物内在的本质在一定条件下的表现手法，包括形态和情态。包装形态是在作用于功能、目的前提下显示出来的自身的独立价值。对于保证形态的研究不仅涉及传播性、识别性，还涉及人的心理感受直至觉悟，因为我们所看到的文化意义上的形态是从包装样式上提炼出来的本质样态。

色彩具有一定的社会心理效应，因为人的知觉都有恒常性、组织性、联想性、主动性。色彩的心理效应是发生在人与色彩之间的感应形式。例如，色彩的联想，由色彩直接联想到抽象的概念，是关系和意义的联想。人的思想方式深受一个民族文化的影响，不同社会、不同环境、不同的知识结构会给人与人之间、民族与民族之间带来明显的差异。以黄色为例，东方代表尊贵、亮丽，西方基督教则视为耻辱；如红色，东方象征热烈、吉庆、积极，而西方作为战斗象征牺牲。

质材指包装设计中所使用的原材料，不同时代、文化背景、不同地域对包装质材的选择使用是不同的。中国包装产品多选用天然材料，用竹、木、纸生产的包装比金属与塑料材质更感亲切，如粽子与葫芦茶之类的形式都有大量合理的功能因素在内。传统包装文化中人情味、乡土味、自然味为我们的设计提供了更为丰富的源泉。

7.3 文化包装设计

文化包装的价值传递和产品形象的树立，取决于良好的包装设计。首先要确定包装的基本功能，是销售包装还是运输包装。一般而言，运输包装是工业包装，或称为外包装，着眼于保护商品和便于运输，与消费者接触不多；销售包装是商业包装，或称为内包装，它是随同产品摆放在货柜上的，是消费者购买时的一个重要参考，因而着重考虑美化产品、突出产品个性。文化包装的设计，一般情况下可以讲，它是强调销售包装的设计。另外，还必须为文化包装的其他要素进行决策，如包装物的材料是选用玻璃还是塑料，透明、半透明还是不透明，颜色的选用搭配，图案的精心制作以及包装上的文字风格等。文化包装的这些要素共同协调，突出了包装的文化功能，从而树立起鲜明的产品和品牌形象。

7.3.1 文化包装的形状设计

中国十二生肖的各种神态，受到世界各地华人的喜爱，于是有的公司充分利用这一特点在包装形态上大量应用而获得成功。法国酒商曾经设计出引吭高歌的雄鸡造型的玻璃瓶，装入高档的千邑白兰地推向中国市场，中国消费者看到此包装后，爱不释手，争相购买，使其成为鸡年探亲访友的首选礼品。包装的外部形状，在不同的背景下有着不同的文化意义，往往在这些匠心独运的包装推向市场后，消费者会与它产生文化共鸣，从而推动产品的销售。如欧美包装设计注重包装的曲线流畅美感，因此而诞生的可口可乐瓶型是流畅的曲线形，如图7-3所示。

图7-3 文化包装设计作品实例（可口可乐包装）

图案是文化包装的主体。包装设计师在构思图案时，经常会表现出丰富的表现手法，使它既是一个广告宣传品，更是一个艺术作品。设计精致的图案表现出来的是文化价值的传播，并且这种传播是世界性的通用语言，在不同国家或地域文化背景下的消费者对图案的理解是相通的。现代产品包装更重视图案的构思与设计，从而形成了包装图案设计的共性特征。

7.3.2 包装图案的简化

包装图案的简化可以使人们在众多的产品中醒目地看到产品品牌，给人留下深刻的印象。现代心理学表明，越是简单的线条和图形，越容易让人过目不忘。业内对近百年的产品研究发现，包装图案的设计呈现出由复杂化趋向简单化的变化过程，如图7-4所示。

图7-4 包装图案的简化实例（Olivia橄榄油包装）

7.3.3 刻意突出产品形象

包装设计不仅表现一种审美，同时越来越注意突出产品的真实形象，如食品、玩具、家用电器等多采用彩色实物摄影来表现。植物油、粉状产品采用象征性的几何纹样来表现。可乐、矿泉水、酒水等常用波浪线和简单图形来暗示凉爽和清纯。这就是强调包装图案的设计必须与产品的本质与特色融为一体。

7.3.4 文字图案的流行

现代产品包装以文字做图案的越来越多，究其原因，一是认为图案多用动植物、景物来表现缺乏精神创意；二是文字图案简洁明了，更容易传播产品品牌和突出产品形象，如图7-5所示。

图7-5 以文字做图案的包装设计实例［0990白酒风味饮料-禾作（上海）文化创意有限公司］

7.3.5 传统型图案的回归

有些产品包装以简洁的线条、文字或几何图案突出时代感，而对另外一些产品，如中成药、烟酒等，仍采用传统图案来表现更能引起人们的怀旧情绪，给人一种历史浓缩的感觉。在酒类产品中，皇家礼炮21年就是用蓝、红、绿三种颜色的典雅御用精瓷瓶盛装，酒瓶上刻着手舞长剑、身跨战马的骑士，商标上有两架礼炮，从而让人感觉到这种酒不凡的价值。

7.3.6 色彩的象征意义

包装的色彩在消费者购物时能产生强烈的视觉效应从而影响购物心理。不同的人，面对不同的包装颜色，会产生不同的文化价值感受。据研究表明，欧美国家多喜欢用颜色区分产品、表达产品的独特内容。如美国产品一般使用鲜艳的颜色，表现出活泼、明朗、华丽的特色；而欧洲国家的产品所用颜色柔和、浅淡，力求接近大自然。

现代研究发现，色彩不仅能产生视觉上的刺激效应，而且在色彩的长期使用过程中被人们赋予了各种象征寓意，它能引起人的生理感应、文化感应和习惯感应，如图7-6所示。

图7-6　色彩的象征意义的包装实例（故宫口红礼盒）

7.3.7 文化包装的文字说明

文化包装上的文字说明不能达到看一眼就能吸引消费者注意力的作用，但对产品特性和形象的描述，文字说明是最直接的方式。从这个意义上来说，文字说明是图案形状、颜色等形象因素的有力补充。为了设计一个优秀的包装，突出包装的文化价值效果，可能需要花费数十万元。我们在设计包装的同时，也要将包装的费用与可能产生的效益进行比较，以确定是否采用该种包装设计。在进行两方面衡量时，我们必须认真、全面地考虑到包装所能够带来的价值和投入的多少之间的关系，切不可盲目投入，又不能因小失大。

7.3.8 标签

标签是包装的一个组成部分，既可以是附在产品上的简易签条，也可以是精心设计的包装图案的一个子图案。

文化包装的特性要求标签在营销中必须为整体文化功能服务，具体地说就是标签上的信息必须和整个文化包装一致，有助于树立产品形象的传递和价值共享，如图7-7所示。

图7-7　清晰明了的包装标签实例（洛川苹果礼盒）

7.3.9　文化包装相关案例——北京同仁堂

1. 北京同仁堂文化包装品牌

北京同仁堂（以下简称“同仁堂”）是全国中药行业著名的老字号，创建于清康熙八年（1669年），自1723年开始供奉御药，在300多年的风雨历程中，始终恪守“炮制虽繁必不敢省人工，品味虽贵必不敢减物力”的承诺，正因为这种兢兢业业、精益求精的严谨精神才成就了“同仁堂”这个家喻户晓的品牌，如图7-8所示。

图7-8　北京同仁堂的LOGO

翻开同仁堂的历史，人们感受最深的是浓厚的文化气息，同仁堂的历史是文化和经济交相辉映的历史。

在商言商，商家逐利，这是无可非议的道理，然而，用一般的商家的标准来衡量，同仁堂似乎并不属于商家，而更像救死扶伤、实行人道主义的医家。事实上，同仁堂也的确是以医起家的。其创始人乐显扬原是一名走街串巷的游医。他尊崇“可以养生、可以济世者，唯医药为最”的信条，把行医卖药作为养生、济世的事业，创办了同仁堂药室。据查，“同仁”二字源于《易经》，有无论亲戚远近，一视同仁之意。

概括而言，同仁堂的企业文化包括：质量观、信誉观、形象观和创新观。

1）质量观

从开始到今天，同仁堂文化质量观形成的原因大致有两个：一是同仁堂人的自律意识。历代同仁堂人恪守诚实敬业的药德，提出“修合无人见，存心有天知”的信条，制药过程严格依照配方，选用地道药材，从不偷工减料、以次充好。二是同仁堂的外在压力。以前是皇权的压力，因为是为皇宫内廷制药，故来不得半点马虎，现在则是来自市场竞争的压力。

2）信誉观

同仁堂的企业精神，概而言之，就是“同修仁德、济世养生”。同仁堂的创业者尊崇“可以养生，可以济世者，唯医药为最”，把行医卖药作为一种济世养生、回报社会的高尚事业。

3）形象观

同仁堂历代传人都十分重视宣传自己，树立同仁堂形象。如利用朝廷会考机会，免费赠送“平安药”，冬办粥厂、夏施暑药，办“消防水会”等。如今的同仁堂不仅继承了原有的优良传统，而且为其赋予了符合时代特征的新内容：第一，利用各种媒体进行同仁堂整体形象的宣传，提高企业的知名度和美誉度；第二，以《同仁堂报》为载体进行企业内部宣传，提高企业的凝聚力和向心力；第三，发挥同仁堂文化的作用，用同仁堂精神鼓舞教育员工；第四，紧抓同仁堂企业识别系统的设计工作，树立同仁堂面向21世纪的新形象；第五，积极参与社会公益事业，提高企业的社会责任感。

4）创新观

同仁堂从最初的作坊店发展到今天的集团公司，从宫廷秘方到高科技含量的中药产品，从丸散膏丹到片剂、口服液、胶囊等多种类型，300多年的历史无不渗透着同仁堂文化的创新发展观。21世纪的同仁堂已发展成为拥有股份有限公司、科技发展股份有限公司两家上市公司的大型集团，集产供销、科工贸于一体的既有传统内涵又有现代意识的大型集团公司。

“同仁堂”是我国中药行业中的著名老字号企业，同仁堂传人始终高度重视先进文化力的杠杆作用，不断努力发掘、总结和提升优秀文化，使之与现代文明有机结合，逐步形成了独具特色的同仁堂文化管理体系。在“同仁堂”这个品牌中，一半是文化，也正是由于同仁堂浓厚的文化底蕴，才使其商誉不断扩大，企业不断发展，在跨越三个世纪后仍保持着青春与活力。

（1）同仁堂精神：同仁堂成功的原因之一，在于它创造了独特的同仁堂精神。同仁堂利用医家的优势，形成了“济世养生”的经营宗旨，在“济世养生”中创造了商业信誉，使它在老百姓心目中造就了一座不可磨灭的丰碑，同仁堂已与老百姓融为一体。历代继业者，始终以“养生”“济世”为己任，恪守诚实敬业的品德，对求医购药的八方来客，无论是达官显贵，还是平民百姓，一律以诚相待，始终坚持“童叟无欺，一视同仁”。在市场经济的竞争环境中，同仁堂始终认为“诚实守信”是一个企业最基本的职业道德，讲信誉是商业行为最根本的准则。

（2）独特的生产技术与经营理念：历代同仁堂人始终坚持“配方独特、选料上乘、工艺精湛、疗效显著”四大制药特色，生产出了众多疗效显著的中成药，赢得了国内外人士的广泛赞誉和青睐。

同仁堂相关产品包装如图7-9至图7-13所示。

图7-9　北京同仁堂虎骨酒包装

图7-10　北京同仁堂人参汉草包装

图7-11　北京同仁堂阿胶包装

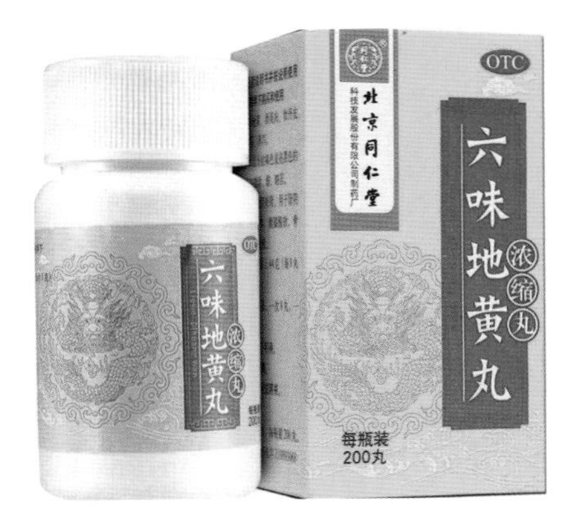

图7-12　北京同仁堂六味地黄丸包装

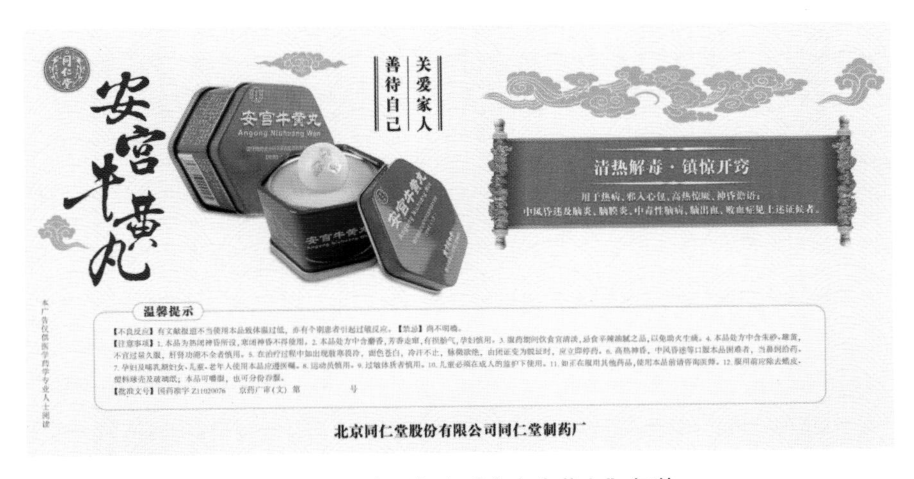

图7-13　北京同仁堂“安宫牛黄丸”包装

本章小结

如今对于产品中的文化特征的体现，受到了越来越多的重视，文化创意类的产品也越来越多地受到消费者的追捧。文化特征的体现，在包装设计中成为一个很好的闪光点，它标志着一个企业或品牌的深厚内涵，同时也因为时间脉络的循序、历史足迹的延伸会让作品更具说服力和厚重感。

思考练习

1. 包装设计文化的结构层次是怎样的?
2. 对包装设计文化特质有哪些见解?

实训课堂

仔细阅读本章内容，重温北京同仁堂案例，真正理解包装的文化特征，从而为包装设计提供可遵循的理论依据和实践指导，确保自己的设计走向成功。

本阶段应产出的大作业素材：按照展开设计流程进入最后的定稿阶段，课上、课下集中精力全力完成。

第8章 包装设计中的计算机辅助设计

扫码收听本章音频讲解

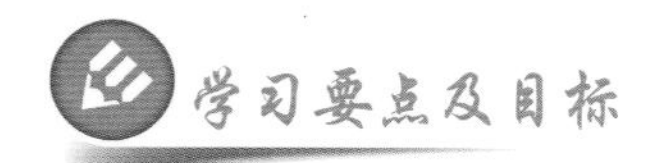

学习要点及目标

介绍能辅助我们完成好包装设计过程及最后效果制作的现代工具，掌握这部分内容更好地完成包装设计。

引导案例

莫园敦煌特产包装创意

案例分析：本设计是以敦煌地区的特产品牌“莫园”为目标品牌，制作的创意作品，主要采用的是敦煌特有的纹样和一些独特元素经过组合，充分体现地域特色的作品（参见8.2节图8-6至图8-8）。

8.1 包装设计中计算机软件的应用

1. Photoshop

Adobe Photoshop，可缩写为PS，是由Adobe Systems开发和发行的图像处理软件，其界面如图8-1所示。

图8-1　Photoshop CC版软件开始运行时的界面实例

Photoshop主要处理以像素所构成的数字图像。使用其众多的编修与绘图工具，可以有效地进行图片编辑工作。PS有很多功能，在包装设计、视觉传达设计、图像、图形、文字、视频、出版等各方面都有涉及。

截至2018年10月，Adobe Photoshop CC 2019为市场最新版本。

2. Illustrator

Adobe Illustrator，常被称为“AI”，是一种应用于出版、多媒体和在线图像的工业标准矢量插画的软件。

作为一款非常好的矢量图形处理工具，该软件主要应用于印刷出版、海报书籍排版、专业插画、多媒体图像处理和互联网页面的制作等，也可以为线稿提供较高的精度和控制，适合生产任何小型设计到大型的复杂项目。

Adobe Illustrator作为全球最著名的矢量图形软件，以其强大的功能和体贴用户的界面，已经占据了全球矢量编辑软件中的大部分份额。据不完全统计全球有37%的设计师在使用Adobe Illustrator进行艺术设计。

尤其基于Adobe公司专利的PostScript技术的运用，Illustrator已经完全占领专业的印刷出版领域。无论是线稿的设计者和专业插画家、多媒体图像的艺术家、还是互联网页或在线内容的制作者，使用过Illustrator后都会发现，其强大的功能和简洁的界面设计风格只有Freehand能相比，如图8-2所示。

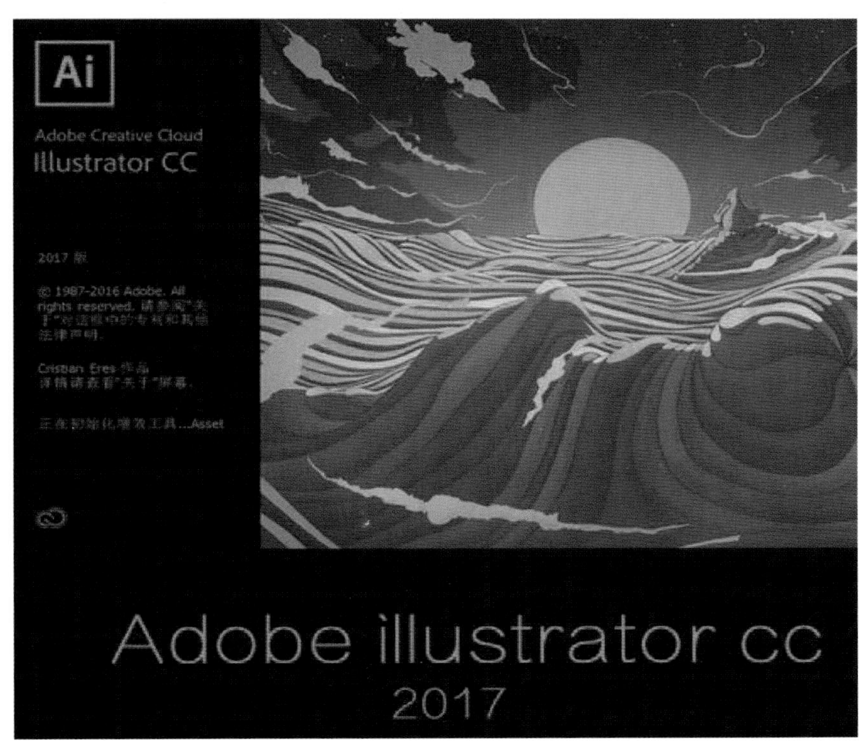

图8-2 Illustrator CC软件开始运行时的界面实例

3. CorelDRAW

这款软件是加拿大Corel公司出品的矢量图形制作工具软件，这个图形工具给设计师提供了矢量动画、页面设计、网站制作、位图编辑和网页动画等多种功能，如图8-3所示。

该图像软件是一套屡获殊荣的图形、图像编辑软件，它包含两个绘图应用程序：一个用于矢量图及页面设计，另一个用于图像编辑。这套绘图软件组合带给用户强大的交互式工具，使用户可创作出多种富于动感的特殊效果及点阵图像即时效果在简单的操作中就可以得到实现——而不会丢失当前的工作。通过CorelDRAW的全方位的设计及网页功能可以融合到用户现有的设计方案中，灵活性十足。

图8-3　CorelDRAW软件界面实例

该软件为专业设计师及绘图爱好者提供简报、彩页、手册、产品包装、标识、网页及其他；该软件提供的智慧型绘图工具以及新的动态向导可以充分降低用户的操控难度，允许用户更加容易精确地创建物体的尺寸和位置，减少点击步骤，节省设计时间。

4. 3D Studio Max

3D Studio Max，常简称为3d Max或3ds MAX，是Discreet公司开发的（后被Autodesk公司合并）基于PC系统的三维动画渲染和制作软件，如图8-4所示。其前身是基于DOS操作系统的3D Studio系列软件。在Windows NT出现以前，工业级的CG制作被SGI图形工作站所垄断。

3D Studio Max + Windows NT组合的出现一下子降低了CG制作的门槛，首先开始运用在计算机游戏中的动画制作，后更进一步开始参与影视片的特效制作，例如，X战警II，最后的武士等。在Discreet 3DS MAX 7后，正式更名为Autodesk 3ds Max 最新版本是3ds Max 2021。

3ds MAX有非常好的性能价格比，它所提供的强大的功能远远超过了它自身低廉的价格，一般的制作公司就可以承受，这样就可以使作品的制作成本大大降低，而且它对硬件系统的要求相对来说也很低，一般普通的配置就可以满足学习的需要，这也是每个软件使用者所关心的问题。

图8-4 3ds MAX 2020软件界面实例

3ds MAX的制作流程十分简洁高效，可以使你很快上手，所以先不要被它的大堆命令吓倒，只要你的操作思路清晰，上手是非常容易的，后续的高版本中操作性也十分简便，操作的优化更有利于初学者学习。

5. SolidWorks

SolidWorks有功能强大、易学易用和技术创新三大特点，这使得SolidWorks 成为领先的、主流的三维CAD解决方案，如图8-5所示。SolidWorks 能够提供不同的设计方案，减少设计过程中的错误，提高产品质量。

图8-5 SolidWorks软件界面实例

8.2 包装设计中的计算机辅助设计及实际制作步骤

8.2.1 计算机辅助设计部分

在包装的计算机辅助设计中，首先根据具体的设计要求，要绘制设计草图（草图分为手绘草图和计算机辅助设计以手绘板绘制的草图），如图8-6所示。

图8-6　包装设计手绘草图实例（莫园敦煌特产包装创意草稿-王柳舒）

在绘制完设计草图之后，就要开始计算机辅助设计了，可以把完成的草图导入计算机中（如果是计算机辅助设计以手绘板的方式绘制的草图导入计算机的这个步骤就省略了），在草稿图的基础上进行描绘，在结合计算机辅助设计软件把完整的设计图制作完成，如图8-7所示。

图8-7　包装设计效果图实例（莫园敦煌特产包装创意效果图-王柳舒）

在计算机辅助设计完成之后为了制作实物，还需要完成包装的展开图（亦称包装制作图），如图8-8所示。

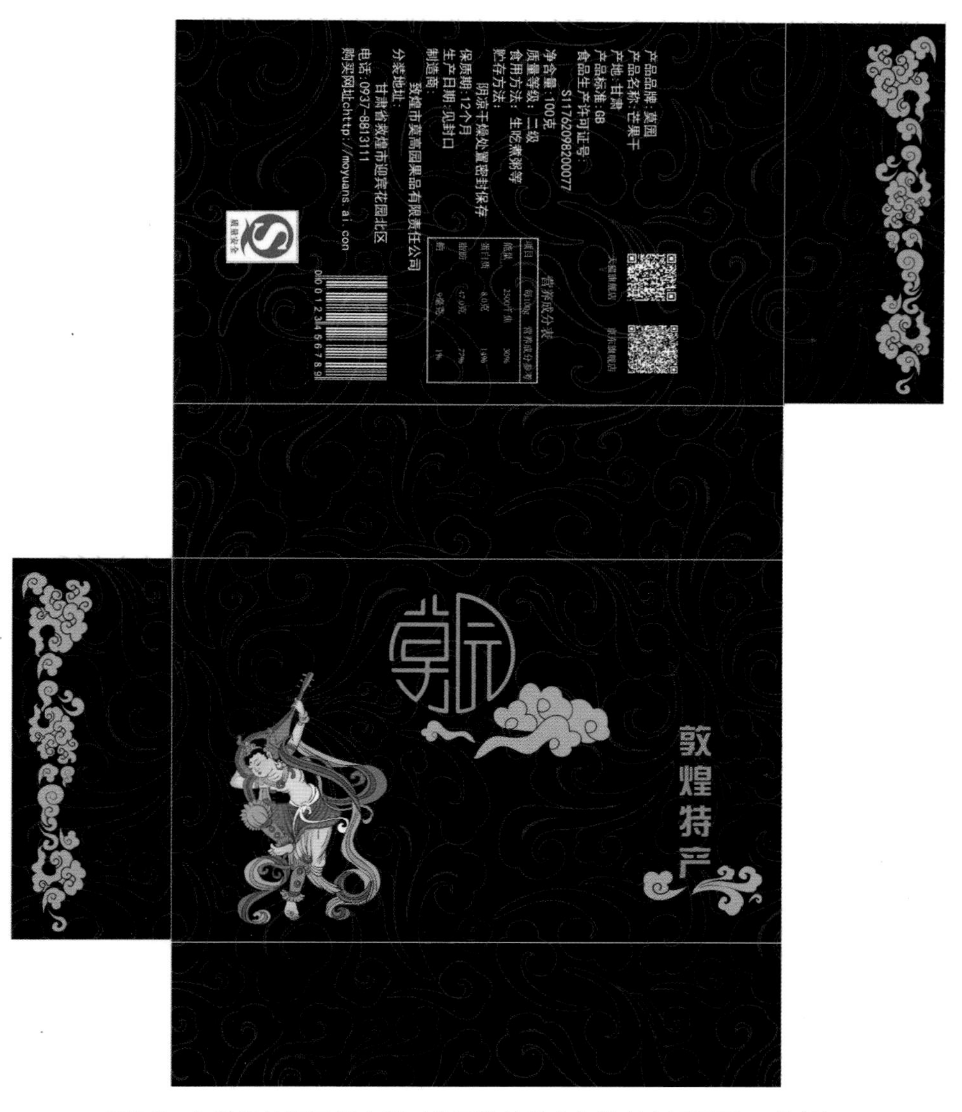

图8-8 包装设计展开图实例（莫园敦煌特产包装创意展开图-王柳舒）

8.2.2 具体步骤

1. 接洽阶段

在接到设计任务时，第一步要做的事就是接洽。设计者在这个阶段首先要做的就是联系客户，最好是亲自上门拜访客户。在拜访客户的过程中，需要获取客户的设计要求，了解产品的卖点，目标市场，有无固有产品颜色，产品的体积和尺寸，客户公司介绍资料，客户公司全称，客户标准司标，客户标准字体，客户标准色标等，如图8-9所示。据此确定整体设计预算，明确交稿日期。

标准字方正兰亭中黑

标准字方正兰亭中黑

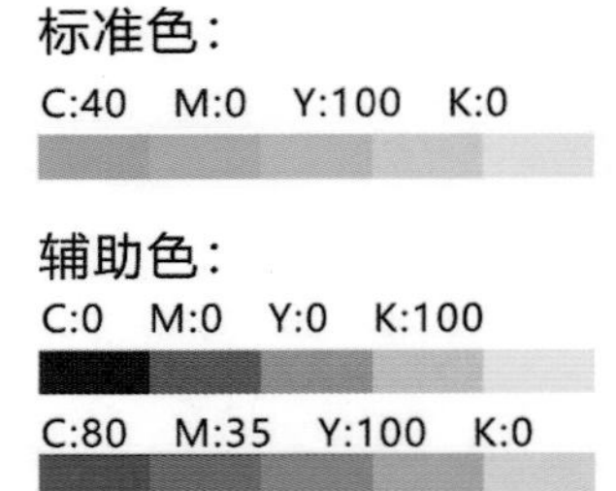

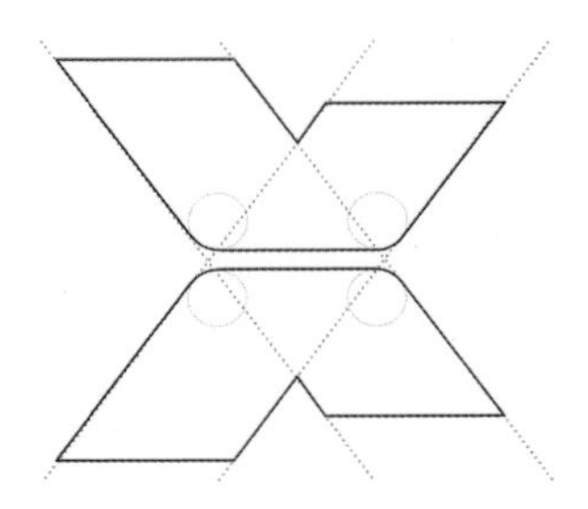

图8-9 LOGO标准司标，标准字体实例（鑫吉新资源-YJING99328）

2. 初稿设计阶段

在和客户完成接洽之后，便开始对产品的市场进行调查与分析，结合收集到的信息，按客户的要求，完成初步设计稿，如图8-10所示。

图8-10 包装设计初稿实例（十方九草包装设计创意-张雅堃）

在完成初稿设计的过程中，一定要结合该类产品市场调查结果进行设计，当时流行的风格，还有投放的国家和地区，有没有禁忌的图形图像和颜色，等等。

签约之前初稿设计非常重要，一定要展示出设计者的创意和原创性，切记抄袭，一个好的作品，很有可能会让客户追加预算。

3. 签约阶段

如果设计初稿被客户审核通过，就要进入签约阶段，在这个阶段，要明确最终的整体价格，明确和客户的相互配合要求，拟定合同，最终签订合同，如图8-11所示。

包装设计合同协议

甲方：　　　　　　　　　　乙方：

电话：　　　　　　　　　　电话：

地址：　　　　　　　　　　网址：

依据《中华人民共和国合同法》和有关法规的规定，乙方接受甲方的委托，就____________产品包装设计、印刷事宜，双方经协商一致，签订本合同，信守执行：

一、委托之事项：

甲方委托____________________为其公司设计____________包装。

备注：____

____

二、委托设计费用：

包装设计单价为人民币________元，　总价为：人民币____________元，（大写：____________________）

三、付款方式：

1、　甲方需在合同签订之日起两个工作日内将委托设计总费用的50％支付给乙方

（标志设计的开始时间以乙方收到甲方款项之时算起）。

2、乙方在包装设计完成品交付甲方后，甲方需签名或盖章确认（以传真方式确认同样有效），确认后甲方应当在四个工作日内支付包装设计费用的全部余款。逾期甲方则需另外以每日按总金额5%的违约金累积支付乙方。

3、如有相关设计，设计费用需另计，标志通过即付总项目费用的30%，余款在相关设计完成后支付。如只有包装设计，包装通过即付所有余款。

四、乙方设计作品的时间、交付方式：

1、乙方需在合同签定日起__15__个工作日内设计出甲方的初稿；

2、设计完成的时间为__20__个工作日(由甲方原因耽误的时间，完稿时间应顺延)。

2、乙方以电子稿或打印稿交付方式交付设计作品，乙方在甲方余款结清之后即通过网络或邮寄等的方式把标志电子完稿交予甲方，甲方需签收。

五、双方的权利义务：

甲方权利：

1、甲方有权对乙方的设计提出建议和思路，以使乙方设计的作品更符合甲方企业文化内涵。

2、甲方有权对乙方所设计的作品提出修改意见；

图8-11　包装设计合同中的一页范本实例

4. 实际设计阶段

签约的完成，并不代表设计的完成，有很多时候还是要经过几次改动才能最终形成完整的设计作品，如图8-12所示，及时和客户沟通，有条件的话在设计阶段，请客户到公司和制作印刷的工厂进行参观，让客户对公司的实力有所了解。为了以后可以继续合作打下基础。

图8-12　包装设计实际完成稿实例（十方九草包装设计创意-张雅堃）

5. 具体制作阶段

设计完成之后，就要进入制作实物的阶段了，把所有完成的设计稿交由工厂进行制作，在出来成品之后，最好是先找些消费者小范围投放实验一下，根据客户反应再做最后的调整，最终生产投放市场。

6. 后续阶段

在设计工作完成之后，可以把整体设计稿制作成一本精美的手册送给客户，供客户留存参考，也可以把公司以往的成功设计案例整理成册赠送给客户，为争取长期的合作奠定基础，如图8-13所示。

图8-13　成功设计案例手册（作者：王胤）

注：把本次为客户完成的整体设计稿件制作成一本精美的手册和公司以往的成功设计案例整理成册一并赠予客户。

计算机辅助设计，是现代包装设计工作中常采用的一种方法，它能很好地把设计者想要表现的效果展示出来。掌握这些技能，可以更好地帮助设计者完成设计工作。

1. 在包装设计中主要使用的计算机软件有哪些？
2. 计算机辅助设计是如何帮助设计者完成设计工作的？

本章内容是介绍能辅助我们完成好包装设计过程及最后效果制作的现代工具，掌握这部分内容可更好地完成包装设计。

综合前文所学及分段所做的草拟内容，完成各项包装制作并完成《×××品牌×××产品包装设计手册》或《×××品牌×××产品系列包装设计手册》的制作。

手册内容：

1. 封页、封底设计与制作（手册A3大小，横幅；要求：可手绘、可计算机制作。封页：主要位置是包装设计标题全称；右下角是个人信息，所占幅面长乘高为10cm×6cm，右边空1cm，下边空1cm，个人信息的文字内容是由上而下排列的：学校、系、班级名称，为××品牌所作××包装设计，作者姓名，指导教师姓名，完成时间年、月、日。封底：封底图案可以是封页图案的延续，也可是空白；在右下角注明作者所在单位和作者本人的联系方式，右边空1cm，下边空1cm）

2. 前言（所做项目的介绍、设计要求、预期达到的效果等，不少于200字）

3. 目录

4. 品牌确定（主观命题，客观印证，最后确定）

5. 市场调查（600字）

6. 展开设计

（1）各项草图设计（包括确定稿，优选100张以上制作在手册中，不少于10页）。

（2）效果图（手绘、计算机制作均可，效果图的数量以展示出作品的效果为准，但每个包装不少于三个角度的视图；制作实物、模型、样品的可拍照成清晰的图片作为效果图）。

（3）制作图（结构图、尺寸图）。

第9章 包装设计作品赏析与学生作品展示

扫码收听本章音频讲解

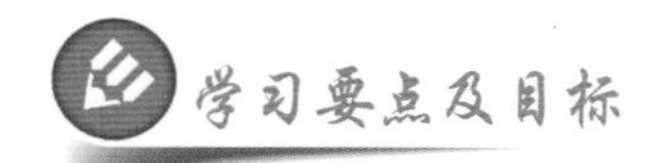

学习要点及目标

通过对具体案例的赏析，更多地了解包装设计的创意方法，为更好地完成包装设计提供参考。

9.1 著名包装设计作品案例分析

9.1.1 Hippeas鹰嘴豆零食包装

Hippeas是全球首款有机膨化鹰嘴豆零食品牌，该零食产品的包装是由设计机构Jones Knowles Ritchie（JKR）设计制作的，如图9-1所示。

图9-1　Hippeas品牌有机膨化鹰嘴豆包装设计实例

品牌名“Hippeas”谐音“嬉皮士”,让人一听就联想起20世纪60年代嬉皮士时期丰富的视觉语言。但JKR避免使用那些人们所熟知的嬉皮士年代的元素，而是捕捉时代精神，针对“现代嬉皮士”——具有社会意识和文化个性的消费者们，打造了一个大胆、现代、独具魅力的形象，呈现出一个能激发千禧一代消费者想象力的时尚、主流的零食品牌。

整体形象大胆而自信——抢眼的黄色作为品牌的主色调，微笑的“嬉皮豆脸”，闪烁的眼睛巧妙地呼应着品牌的主产品鹰嘴豆——而“Hippeas”有趣的谐音则直观地传达了品牌的理念。

9.1.2 Siya果汁包装

当你看着Siya的瓶子时，你看到了什么？没错！就是水果放在杯上的形状，如图9-2所示。

在探索Siya果汁品牌精髓的时候，Backbone赋予了它一个简单的理念——天然的水果就在你的杯子上，让人感觉捧着这瓶果汁就如捧着一杯新鲜的水果，透明的标签设计透露出果汁的自然与新鲜，整个设计让人印象深刻。该设计荣获2016年Pentawards饮料类金奖。

图9-2 Siya品牌果汁包装设计实例

9.1.3 ManCave肉制品包装

ManCave肉制品是一个专注于创新口味的手工肉制品品牌，极度注重品质，如图9-3所示。美国CBX公司为其设计的全新包装大胆出位，标签设计以一个有着大胡子和文身的彪形大汉作为背景，十分吸引眼球，在他黑色的围裙上印有手工字体，令人回想起小批量作业的手工作坊时代。

图9-3 ManCave品牌产品包装设计实例

9.1.4 Gawatt咖啡包装

“Gawatt表情”是Backbone为咖啡馆品牌Gawatt设计的一系列推广咖啡的咖啡杯。

Gawatt品牌的理念是:“我们不仅仅卖咖啡，我们还能给你带来正能量，让你精神饱满一整天。”

Backbone根据品牌的这一理念创作了四款不同的角色，每一款杯子都有三种表情，只要转动杯套，就能转换表情，让顾客在喝咖啡时感受到积极的情绪。Backbone趣味性十足的设计，让Gawatt的咖啡销量大增，如图9-4所示。

图9-4　Gawatt品牌咖啡杯设计实例

9.1.5　BIC品牌袜子包装

袜子是双脚的装饰，但只有穿上鞋子后，袜子才能完成他的使命。

希腊设计公司Mousegraphics的这套设计让BIC的袜子产品在货架上“穿上”鞋子，以不同类型的鞋子款式（女式、男士、运动、休闲等）来区分各自对应的袜子，如图9-5所示。这种全新的分类方式，让BIC的袜子产品既易于区分，又整体统一，充满趣味，十分吸引顾客。

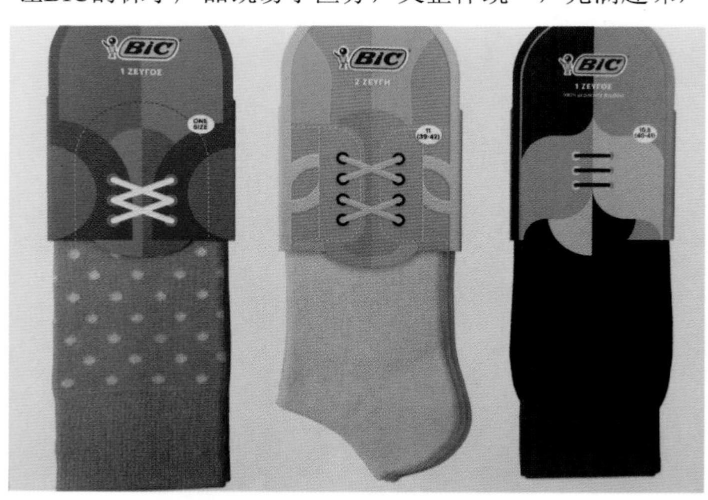

图9-5　BIC品牌袜子包装设计实例

9.1.6 Old Fashioned Cocktails古典鸡尾酒套装

古典鸡尾酒套装，随时随地享受两只 Old Fashioned Cocktails，不仅能让您在下一次飞行时随身携带套件，为同事带来惊喜，而且能在下一个社交聚会上用精致饮料给您的朋友留下深刻印象，如图9-6所示。

图9-6 Old Fashioned Cocktails鸡尾酒套装包装设计实例（1）

将古典与现代的风格融合在一起，创造出一种新颖的设计，并带有老式招贴排版的复古风格。以试剂盒的尺寸作为包装尺寸，只有口袋大小，方便运输并方便购买者随身携带，如图9-7所示。

图9-7 Old Fashioned Cocktails鸡尾酒套装包装设计实例（2）

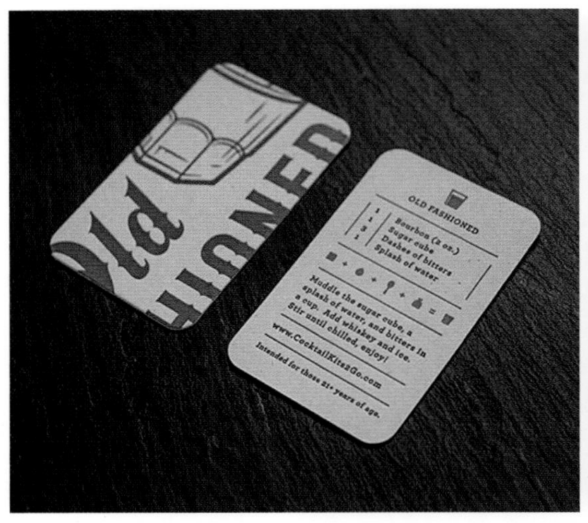

图9-7　Old Fashioned Cocktails鸡尾酒套装包装设计实例（2）（续）

9.1.7　锦鲤清酒包装

这款清酒以“锦鲤”命名。Bullet设计公司将该清酒的包装依照此种锦鲤的外观，以水墨的形式将红色的锦鲤花纹直接印在白色的酒瓶上，结合外包装盒上的鱼形镂空窗口，让“锦鲤”的形象呼之欲出。白色、红色以及瓶身上金色的巧妙组合，让这款清酒的包装尽显独特的个性，成为馈赠亲友的佳品，如图9-8所示。

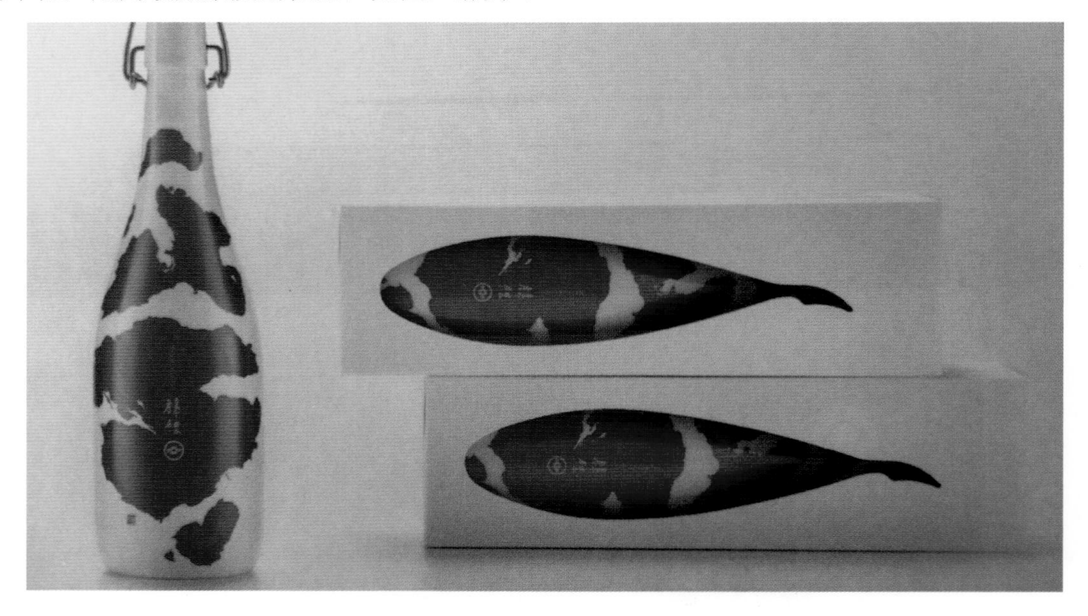

图9-8　锦鲤清酒包装设计实例

9.2 学生作品展示

9.2.1 魔女公馆品牌创意包装设计

设计说明：

敦煌飞天从起源和职能上来说，她不是一位神，是乾闼婆与紧那罗的复合体。乾闼婆是印度梵语的音译，意译为乐神。由于她周身散发香气，又叫香间神。紧那罗是印度古梵文的音译，意译为歌神。乾闼婆和紧那罗原来是印度古神话和婆罗门教中的娱乐神和歌舞神。传说中说他们一个善歌，一个善舞，形影不离，融洽和谐，是恩爱的夫妻。

把敦煌最优美的舞姿——反弹琵琶伎乐天融入标志图形中，让人欣赏到另一样的美，如图9-9所示。标志图形采用写意、正负图形的手法，流畅飞动的线条，凭借飘曳的舞带而凌空翱翔，展现出伎乐天女的纤纤神韵。

图9-9 魔女公馆品牌创意包装设计草稿之一（设计：孟琳瑶）

敷彩以黧色、缩色、黛蓝和金色，使整个标志显得更加典雅、妩媚，令人赏心悦目。她是敦煌艺术中最优美的舞姿。她劲健而舒展，迅疾而和谐。反弹琵琶实际上是又奏乐又跳舞，把高超的弹奏技艺和绝妙的舞蹈本领集中在这个舞者的身上，成为永恒的绝美符号，如图9-10所示。

图9-10　魔女公馆品牌创意包装设计效果图实例（设计：孟琳瑶）

这次的设计灵感来源于毕设考察，和大西北敦煌结缘。一次敦煌莫高窟之行，被敦煌壁画深深吸引，被这所东方艺术圣殿震撼，一直喜欢飞天这个题材，和现代风格所结合，既体现了我国的传统文化，又不失现代艺术的魅力，古往今来，从过去走向未来，如图9-11～图9-13所示。

图9-11　魔女公馆品牌创意包装设计实物之一（设计：孟琳瑶）

图9-12 魔女公馆品牌创意包装设计实物之二（设计：孟琳瑶）

图9-13 魔女公馆品牌系统设计实例（设计：孟琳瑶）

9.2.2 莫园敦煌特产创意包装设计

设计说明：

包装的最基本功能，强调保护功能，包装不仅要防止由外到内的损伤，也要防止由内到外产生的破坏。同时，包装还可以运用简单的方式设计制作，以便于销毁。侧重于包装的方便功能，要便于保管和储藏。

这个包装盒是推拉型，便于人们取出。包装盒是为了敦煌特产而设计。莫园这个品牌主要经营敦煌当地的果干， 包装盒是黑色加金色祥云底纹，包装盒的上面三分之一正中间是莫园的LOGO。包装盒的右边写着敦煌特产，让大家看到这个包装盒就知道是敦煌特产，如图9-14和图9-15所示。

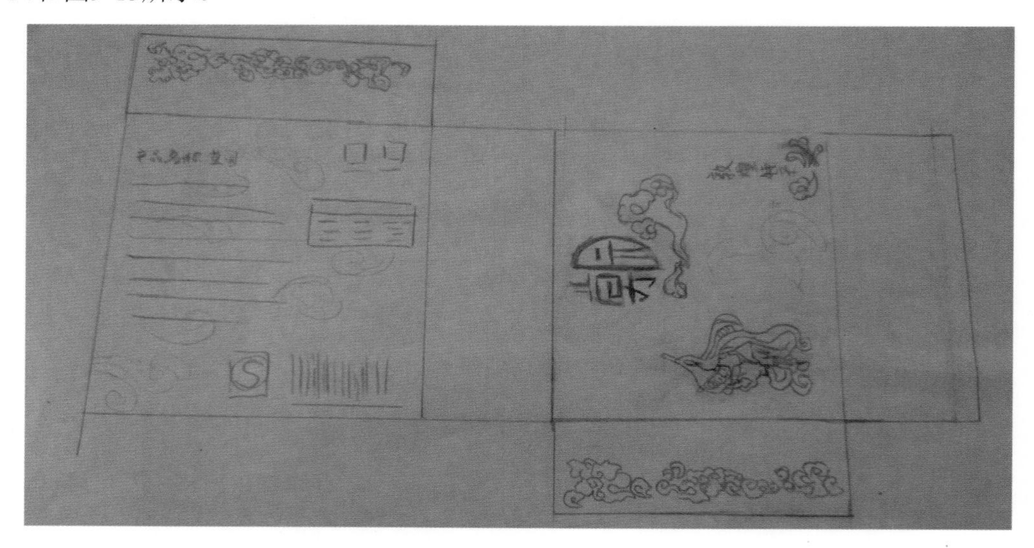

图9-14 莫园敦煌特产创意包装设计草稿之一（设计：王柳舒）

图9-15 莫园敦煌特产创意包装设计效果图实例（设计：王柳舒）

左侧下方是敦煌壁画中飞天反弹琵琶的形象，人们一看到反弹琵琶的形象就会想到敦煌，想到莫高窟。标志下方是两个祥云的纹样，寓意吉祥。祥云底纹让人们看到包装盒不感觉那么空，多增加一些敦煌图案，让人们更加了解敦煌的文化。一看到飞天、祥云纹就能想到这个是敦煌特产，想到莫园。包装盒两侧各有对称的一串祥云图案。包装盒背面是果干的详细资料，如图9-16和图9-17所示。

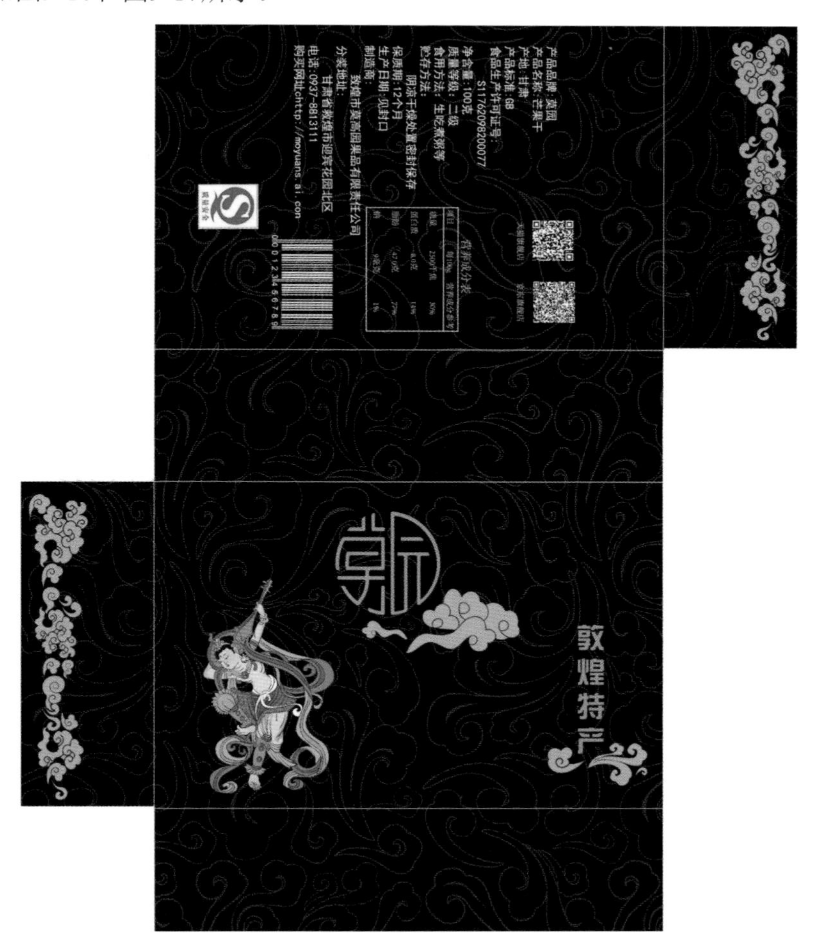

图9-16　莫园敦煌特产创意包装设计的包装盒展开图（设计：王柳舒）

图9-17　莫园敦煌特产创意包装设计实物（设计：王柳舒）

9.2.3 雅慧巧克力产品创意包装设计

设计说明：

材质：外包装以环保无污染的纸质材料为主，用折叠式小礼品盒包装及容器包装；内包装使用颜色漂亮的锡纸。吃完巧克力剩下的锡纸可根据外包装盒上的折纸方法，折叠成各种各样的鲜花装点居室，供家人欣赏。另外，锡纸还可与外包装结合，二次利用制作成一个精致的装饰品，等等。

商标：以汉字字体与汉语拼音相融合的模式，意喻呈现出飘逸流畅之态且清楚地表达出所要表达的内容，如图9-18和图9-19所示。

图9-18　雅慧巧克力产品创意包装设计的商标草稿（设计：张亚慧）

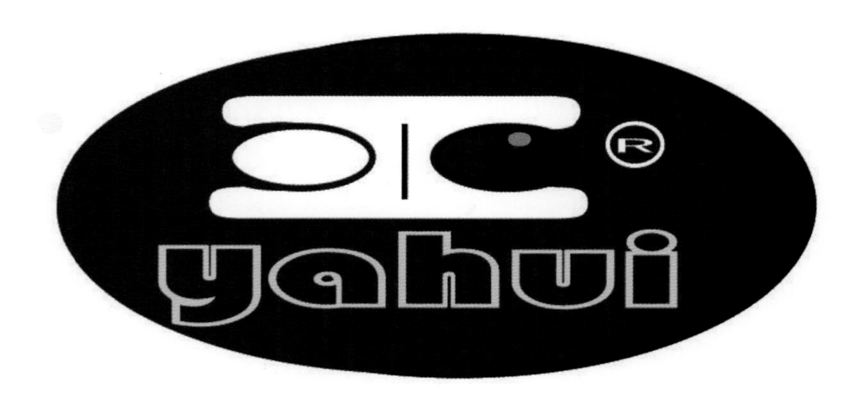

图9-19　雅慧巧克力产品创意包装设计的商标完成稿（设计：张亚慧）

色调：以暖色调为主即巧克力固有色。

图案：以中国文化元素与西方文化元素相结合的手法展示图案形式，如图9-20至图9-23所示。

产品宗旨：每天一小块，健康又快乐（健康食用巧克力，环保利用每一个包装）。

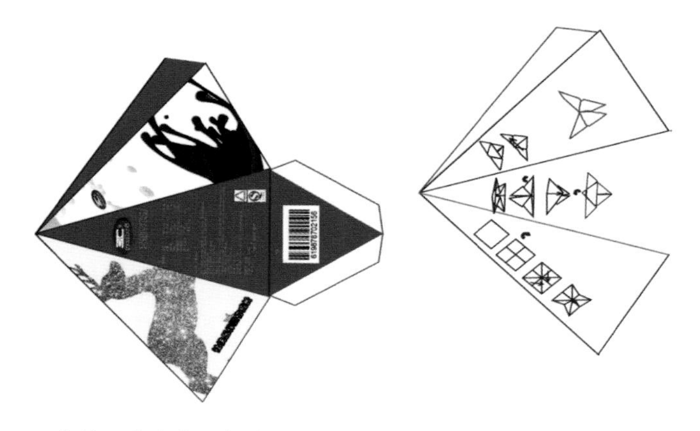

图9-20　雅慧巧克力产品创意包装设计的锥形包装制作图（设计：张亚慧）

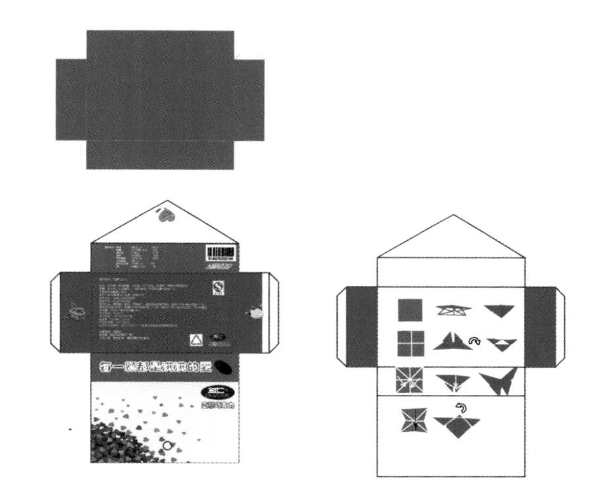

图9-21　雅慧巧克力产品创意包装设计的方形包装制作图之一（设计：张亚慧）

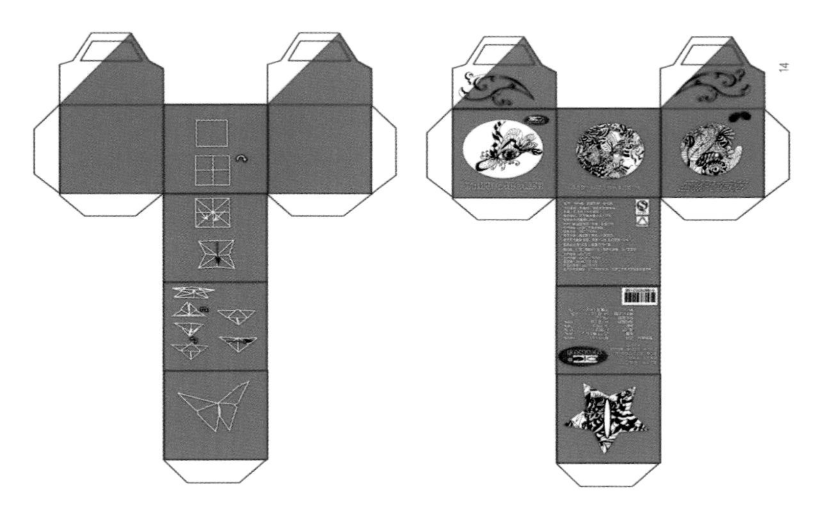

图9-22　雅慧巧克力产品创意包装设计的方形包装制作图之二（设计：张亚慧）

图9-23　雅慧巧克力产品创意包装设计的实物效果（设计：张亚慧）

包装设计工作是一个非常复杂的工作，构思时需要考虑到方方面面的因素，需要大量的案例分析和经验的累积，这就需要设计者多看，多练。

1. 你认为好的包装设计是怎样的？
2. 怎样才能设计出好的包装作品？

继续完成第8章课后布置的作业。

附录　优秀包装设计作品欣赏

1. Sweets of the world甜品饼干包装

Sweets of the world甜品饼干包装采用纸质材质，故意把整体形状做成一个不规则正方形，增加趣味性。

Sweets of the world甜品饼干包装效果

2. Victoria Park红酒包装

Victoria Park红酒包装采用常见酒类包装用的玻璃材质，标签设计主要以文字为主，带有复古风格。

Victoria Park红酒包装效果

3. Sommer House麦片包装设计欣赏

Sommer House麦片包装设计采用玻璃为包装材质，透明的瓶身可以看到内部商品的样式，非常直观，并配以沉稳的标签颜色。

Sommer House麦片包装效果

4. Selvatica：来自哥伦比亚天然热带雨林的注入水果的茶叶品牌

Selvatica茶叶品牌包装设计采用纸作为单个包装的材料，成组后放入金属包装中。采用比较有特色的动物作为商品的背景图案。

Selvatica茶叶包装效果（1）

Selvatica茶叶包装效果（2）

Selvatica茶叶包装效果（3）

Selvatica茶叶包装效果（4）

5. Nubia护肤品系列

Nubia护肤品系列适合20岁以上的女性，Nubia选择的产品基于成分纯度，最高生产标准和社会环境因素。Nubia护肤品系列包装突出了产品的可见性，同时平衡了高端，现代美学与个性化，触觉和多彩的接触，突出了所用原料的新鲜度。

Nubia护肤品包装效果（1）

Nubia护肤品包装效果（2）

Nubia护肤品包装效果（3）

Nubia护肤品包装效果（4）

6. 臭氧咖啡冷啤酒包装设计

臭氧咖啡冷啤酒产品标签的金箔俘获了眼睛，并加强了对用手工制作每一杯啤酒的细节和工艺的关注。

臭氧咖啡冷啤酒包装效果

7. Platform T茶品牌包装设计

Platform T茶品牌采用金属作为包装的材料，深色金属配以白底色的标签，非常醒目。

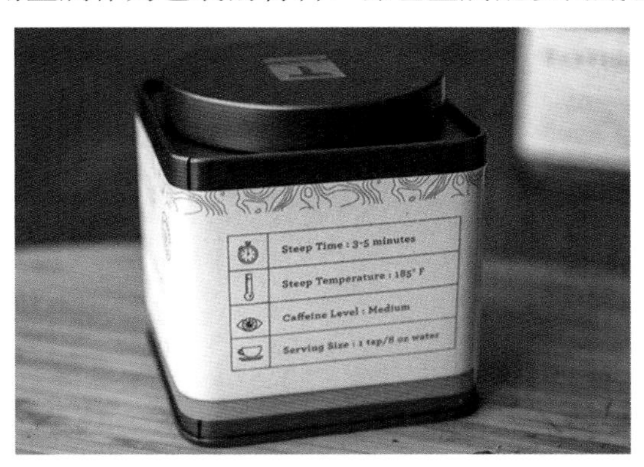

Platform T茶品牌包装效果（1）

Platform T茶品牌包装效果（2）

8. Studio h为Kiki Health天然食品补充剂设计的品牌标识和包装设计

Studio h为Kiki Health天然食品补充剂设计的品牌标识和包装设计玻璃材质的包装瓶身，配以黑色瓶盖，标签也使用了黑色为背景，搭配浅色亮色文字，非常醒目。

Studio h为Kiki Health天然食品补充剂设计的品牌标识和包装效果

9. 南方佳米产品创意包装设计

采用纸质材料做包装，并作圆筒造型。此包装的商标设计很有创意，把它放于圆形的桶盖上非常切合。整个包装的色调稳重、成熟，图案内容直观、充实。包装稳重的色调和饱满的圆筒造型会让消费者很容易地体会到内装物的香甜与成熟。

南方佳米产品创意包装设计的商标实例（设计：康悦）

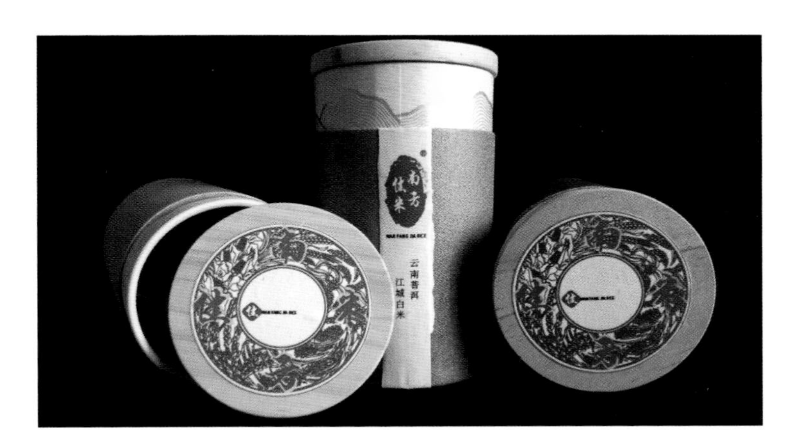

南方佳米产品创意包装设计的实物效果（1）（设计：康悦）

南方佳米产品创意包装设计的实物效果（2）（设计：康悦）

整理完成第8章课后所布置的作业，并把作业的全部内容做成PPT电子文件。

结课讲评后将设计手册、包装实物或标志模型或标志样品、PPT电子文件交于老师处待成绩评定。

结　束　语

自从和清华大学出版社达成教材编写意向开始，就一直在积极准备，因恰逢新冠肺炎疫情期间，很多工作都转为线上办公，需要一个适应的过程，好在没有耽误工作进度，也正是因为这个特殊时期，让编者有了一定的时间能专心地进行教材的撰写。

十几年的专业设计与教学工作，使我积累了一些有用的素材。再加上在近几年的包装设计课程中发现了不少优秀的学生，他们在课程的学习过程中，积极与老师互动，全力完成课程作业，提交了较好的设计作品。王欣旭、张羽、张亚慧、孟琳瑶、王柳舒、张雅堃、康悦等同学的作业是我首次在本书中予以展示。他们在课程中认真、努力，虽然作品不是十分完美，但有一点是可以肯定的，那就是他们的学习、敬业态度非常端正。这些学生已经或正在步入社会，走向自己钟爱的专业工作岗位，在这里老师祝你们："沿着新征途，走好每一步，踏上成功路。"

编纂本书，让编者有机会读到同仁、前辈的一些优秀著作和设计作品，受益匪浅。将一些编者认为可以推荐给大家共同学习的内容有选择地收入本书。在这里说明一点，有些参考资料是在网上查阅到的，因为网上没有署名，也无从查找到具体作者，故无法标注作者姓名，望请谅解为盼，并借此对所有作者表示由衷的敬意！

希望《包装设计（微课版）》这本书能给读者带去帮助，同时也真诚地希望业界的同仁们给予批评和指正。谢谢！

王　胤

2020年8月于天津

参 考 文 献

[1] 陈先枢. 世界包装发展简史[J]. 湖南包装.2001（第3期）.

[2] 孙诚. 纸质包装结构设计[M]. 3版. 北京：中国轻工业出版社，2006.

[3] 金银河. 包装印刷[M]. 北京：化学工业出版社，2010.

[4] [美]卡尔弗，吴雪杉，译. 什么是包装设计？[M].北京：中国青年出版社，2006.

[5] 谢大康. 产品模型制作[M]. 北京：化学工业出版社，2003.

[6] 江湘芸. 产品模型制作[M]. 北京：北京理工大学出版社，2005.

[7] 郝晓秀. 包装概论[M]. 北京：中国轻工业出版社，2007.

[8] 蔡惠平. 包装概论[M]. 北京：中国轻工业出版社，2008.

[9] 邓向荣. 理性走向市场：21世纪市场营销理论的革命[M]. 山西：山西人民出版社，2004.

[10] 邓明新. 体验营销技能案例训练手册[M]. 北京：北京工业大学出版社，2008.

[11] 何洁. 现代包装设计[M]. 北京：清华大学出版社，2019.

[12] 江奇志. 包装设计：平面设计师高效工作手册[M]. 北京：北京大学出版社，2019.

[13] 杨朝辉，王远远，张磊. 包装设计[M]. 北京：化学工业出版社，2020.

[14] 谭小雯. 包装设计[M]. 上海：上海人民美术出版社，2020.